U0172759

微观生活史

海上食事 上

张伟　陈子善　主编

孙莺　编

上海文化出版社

图书在版编目（CIP）数据

海上食事：全二册 / 张伟，陈子善主编；孙莺编
. -- 上海：上海文化出版社，2023.7
（微观生活史）
ISBN 978-7-5535-2766-6

Ⅰ. ①海… Ⅱ. ①张… ②陈… ③孙… Ⅲ. ①饮食－
文化－上海 Ⅳ. ①TS971.202.51

中国国家版本馆CIP数据核字(2023)第106081号

出 版 人 姜逸青
责任编辑 黄慧鸣
装帧设计 王 伟

书　　名 海上食事

主　　编 张　伟　陈子善

编　　者 孙　莺

出　　版 上海世纪出版集团　上海文化出版社

地　　址 上海市闵行区号景路159弄A座3楼 201101

发　　行 上海文艺出版社发行中心

　　　　 上海市闵行区号景路159弄A座2楼 201101 www.ewen.co

印　　刷 苏州市越洋印刷有限公司

开　　本 787×1092 1/32

印　　张 18.75

版　　次 2023年7月第一版 2023年7月第一次印刷

书　　号 ISBN978-7-5535-2766-6/TS.087

定　　价 80.00元（全二册）

敬告读者 如发现本书有质量问题请与印刷厂质量科联系　电话: 0512-68180628

让历史鲜活起来
——"微观生活史"总序（一）

张伟

不可否认，我们这一代人年青时阅读的（或者说提倡的）大都是宏观叙述的雄文，高屋建瓴，睥睨八方，雄视天下，酣畅淋漓，这样的文章风格是我们熟悉的，也是当时喜欢模仿的。司马迁所说的"究天人之际，通古今之变"，是中国史学的传统；刘玄德三顾茅庐、诸葛亮指点江山的故事，更为大家所津津乐道。上世纪80年代以后，这样的情况始略有转变，但节奏很慢，变化也并不大。印象中，在学术圈引起较大震撼的是王笛先生的几本书：《街头文化——成都公共空间、下层民众与地方政治（1870—1930）》（2006年）、《茶馆——成都的公共生活和微观世界（1900—1950）》（2010年）和《走进中国城市内部：从社会的最底层看历史》（2013年），等等，特别是那本"茶馆"，在当时曾引起热议，成为一个文化现象。王笛是成都人，在他看来，茶馆就是成都这座城市的灵魂和缩影，即茶馆不仅仅是人们喝茶的地方，更是这座城市的公共活动空间，在那里，可以仔细考察下层民众日常生活的细节。王笛的这些书应该说是微观研究的一个实践，它引导我们进入城市的内部，并进一步感受那个年代浓郁的社会风情。一滴水可以折射世界的真相，茶馆的背后，是时代的影像。

如果追溯历史，最早明确提倡微观研究的是法国的年鉴学派。20世纪初，他们先后创办了《历史综合评论》《经济与社会史年鉴》等杂志，反对旧的史学传统，主张历史不应当只是君主和伟人的历史，提倡总体历史学，把新的观念和方法引入历史研究领域。法国年鉴学派借鉴和运用历史学方法以外的社会学、心理学、计量学、比较学等众多学科的原则与方法来研究历史，注意开拓文献史料的来源，把研究的触角深入到人类历史的每一个细节。他们摒弃了以往只是把战争与政治作为研究对象的做法，达官显贵和元帅将军们不再是当然的主角，凡人俗事开始走上历史的舞台，成为研究的重点。他们倡导并深入探究人们的私生活及与其相关的生活方式、行为准则与文化习惯，"私人生活史"研究也因此成为法国年鉴学派的一个标志。这之后，各国历史学研究的领域与题材不断在扩大，历史研究逐渐从宏大叙事转向微观叙事，从对重大政治、经济、文化与社会事件的研究转向对日常生活、普通人物以及他们的经历的研究，诸如家庭环境、家居生活、交友空间、宗教信仰，以及教育、娱乐、饮食、旅游、生育、死亡等等，都是历史学家们热衷研究的对象。以观察细小的对象为基础，从对看似微不足道的对象的研究来发现历史、解读历史，这正是微观史研究的特点和魅力。

经国大事，人间烟火，都是社会的肌理组成，人们习惯了英雄叙事，难免忽视一地鸡毛，但转过身回过头来，方能悟出市民的日常生活才是构成社会的最重要部分，一切努力，最终目标不就是百姓康宁吗？社会之大，漫无边际，芸芸众生，丰富多彩，怎样全面、客观地去解析一个城市？什么才是构成一座城市的"鲜活细胞"？答案大概就隐藏在众多普通人的日常生活里吧？经常在想，我们在习惯宏观叙事之余，似乎也很有必要对微观层面予以更多的关注，感受日常生活状态下那些充满温度的细节，并对此进行深度挖掘，如此，可能会增加许多意外的惊喜，同时也更有利于从一个新的维度拓宽近代城市文化的研究空间。前些时我在主编《海派之源·人文记忆》这本书时曾写道："上海西南的徐家汇和土山湾地区，堪称中国近代文化的一处重要发源地，它既生产物质，也培养人才，堪称中国近代文明进程中的一根标杆。这已成为学界的共识。但这块发源地是如何开垦的？这根标杆又是怎样竖起来的？如果将此视作一个庞大的工程，那么以往我们着眼较多的是这个工程的组织方，也即那些院长、校长、神父、嬷嬷、主任、教授等等上层人物。这些精英阶层是打基础的，他们决定着事物的走向，自然容易受到大众和媒体的重视；而我们这本'人文记忆'，一个很大的特色，则是将笔墨的重点放在了普通人身上，着力描绘勾勒那些长久不受重视，甚至生平身世都很难考察以致湮没在历史中的世俗小人物，如王安德、范殷儒、徐咏青、邱子昂、徐宝庆、朱志尧、潘氏父子等等。在我们看来，这些平民阶层也是熠熠闪光的，他们都是掌握着绝世本领的不凡人物，他们很难谋划方向，但却往往能决定质量，增加重量；他们都在某一领域做出了出色的，甚至杰出的贡献，当年他们的精彩无比，被视作了平淡无奇，百年之后的今天，却成了我们必须重视，值得努力打捞的珍贵历史。"

徐家汇是一个很好的样板，其他地方也莫不如斯。秉此理念，我们这套丛书，涉及时间段为 1840 年以来的近代中国，而内容则几乎无所不包，尤其重视凡人俗事以及观念习俗、地域环境等等在大时代中的衍变，无论是琴棋书画、衣食住行，还是草木虫鱼、习俗流弊，都是我们深感兴趣而欲研究展示的，所谓以个体观世界，从细微看全貌。消失了生活方式的社会和人生是不完整的，不但残缺而且黯淡无光。我们愿意努力提供虽然细微但却鲜活的历史，希望在一些貌似平淡无奇的人物和现象当中，能够得到认识历史和理解历史的启迪；我们愿意眼光向下，和大家一起回顾历史上芸芸众生的日常生活，也借此打量我们今天的自己；我们不惧"碎片化"之讥讽，唯愿这些"碎片"能够拼接成灿烂的锦缎。小人物也有可能构建大历史，历史因凡人俗事而更近烟火，历史因拓宽领域而丰富多彩。希望我们的"这滴水"，能够映照出大海的一角，也愿和大家一起分享"这滴水"。是为序。

2022 年 4 月 1 日晨五时于上海

"微观生活史"总序（二）

陈子善

　　张伟兄是我的挚友，各自的学术兴趣有同也有异。我一直局限在中国现代文学史研究领域里，至多扩大到台港暨海外华文文学领域。张伟兄的雄心就比我大得多。他从研究中国现代文学史起步，不但做得有声有色，而且不以此为满足，不断拓展，上海电影戏剧、小校场年画和近现代月份牌、徐家汇和土山湾画馆往事……先后进入他的研究视野，同样研究成果累累，往往是得风气之先，令海内外学界瞩目。

　　去岁有次与张伟兄闲聊，他又产生了一个大胆的新想法，起意主编一套"微观生活史"丛书。我想，这是他关注都市日常生活，力图从多个方面重现近现代上海市民日常生活的新的努力。正巧，作为同是上海人的我，也对那时上海市民的日常生活有浓厚的兴趣，我们还为此讨论过若干具体的设想。张伟兄这项富具创意的工作已开始付之实施，万万没想到的是，他出师未捷就突然离开了我们，这是令我深感痛惜的。而他的遗愿，也只能由老友的我来接着完成了。

　　对这套"微观生活史"丛书的宗旨、价值和意义，张伟兄已在总序中作了较为全面的精彩的论述，不必我再饶舌了。我只想再强调的是，我们拟从新发掘的各种原始文献切入，对近现代上海的市民社会，从私人史、物质史、饮食史、服饰史、器物史、消费史等众多角度来加以呈现，以有助于用更新颖更独特更接近原生态的方式观察历史和表达历史，从而填补以往历史叙事的缺漏和不足。

"民以食为天"，"微观生活史"丛书首批就是孙莺女士编的《海上食事》和《隽味食谱》两部书。希望能以此为开端，给广大读者打开一个新的天地。

2023 年 6 月 1 日于海上梅川书舍

凡例

　　本丛书所选之文，就时间而言，起自 1872 年《申报》创刊始，止于 1949 年中华人民共和国成立。就篇目来源而言，为晚清至民国数万种期刊报纸，以期刊为主。就编选原则而言，为文献性和可读性。文献性是指所选之文皆有明确出处，可提供进一步研究、探讨的借鉴，具有长期使用、参考的价值；可读性是指所选之文皆富有文采，具有阅读和欣赏的文学价值。

　　因所选之文时间跨度较大，故而文中个别词语及修辞语法与今稍有不同，说明如下：

　　一、虚词如"唯"和"惟"，在近代文献中互相通用的情况较多，本丛书除直接引文外，均遵循今用法。"甚么"（什么）、"那末"（那么）、"底"（的）等，为当时的语言特色，不影响阅读，故不做修改。

　　二、译名和专有名词保留原文，如影响原文的阅读，则加以"编者注"，如"越几斯"加页下注为"日语译名，为酸素之意"等。一些专有名词如"萝葡"和"萝卜"，不同作者所用词语不同，除保持同一篇文章内名称一致外，不对整套丛书的用词做统一，以呈现近代文化的多样性。

三，本丛书部分文章，最初发表时未经标点，由编者自行标点，难免会有讹误，请海涵。

四，本丛书之《海上食事》中，涉及租界路名之处，均以"编者注"的形式加以注释，如"爱多亚路"注释为"今延安东路"，以便读者了然新旧路名。

五，本丛书所配之图，分为三种，一是明信片，部分来自私人收藏，部分来自上海市闵行区图书馆自购数据库，故无具体时间和出处；二是旧照，大都有具体时间和出处；三是画作，大都亦有具体时间和出处。

前言

沈嘉禄

钟叔河先生在 1990 年编选《知堂谈吃》一书时，特意写了一篇序坦陈初衷："吃是人生第一事，比写文章重要得多。"拿屈原的《招魂》《七发》举例后，钟先生又把"中国古代第一美食家"苏东坡推到前台："贬谪出京，在以做官为性命的人看来，应该如丧考妣了，可是他却因为可以享受一顿早已艳羡的美味大快朵颐而洋洋得意，简直比连升三级还要高兴。……由此可见，谈吃也好，听谈吃也好，重要的并不在吃，而在于谈吃亦即对待现实之生活时的那种气质和风度。"

三十年前，谈美食的文章见诸报端的还比较少，偶有所见，副刊编辑一般也安排在版面一角，似乎为了避免刺激某些人。某些人或许以为，吃吃喝喝承载不了宏旨大义，弄不好又有小资情调的嫌疑。想不到《知堂谈吃》问世后好评如潮，于是在十几年后再修一版。钟先生筑渠引水，另辟蹊径，一时间名家美食散文集便呈山花烂漫之势，姚黄魏紫，美不胜收，雅致闲适，别有怀抱。可以说，好的美食散文既可载道，又能怡情，既传高义，又能修身，春风化雨地影响到许多人的味觉审美与生活态度。

这一现象其实对应着两个背景：一是中国人终于告别了供应匮乏的尴尬，迎来物质充裕的大好时代。二是当市场经济大潮汹涌澎湃之际，有些值得我们深深铭记的事物和场景却遭到了抛弃，或被强大的离心力甩出前行的轨道，有文化情怀、有生活雅趣、有丰富阅历的作家试图通过对个体美食经验的发掘，在呈现中华美食及风土人情的同时，唤醒读者对美好时光及亲情友谊的怀念。

至少我是这样认识的，也为此身体力行，积极参与到美食写作的庞大队伍中。当然，在这个愉悦的过程中，我一直努力向前辈大师学习，从他们的锦绣文章中体悟彼时的欣喜与伤感、激越与沉沦。不妨说，聆听前辈作家煮酒闲话，或能抵达作家的内心世界，窥探作家身处的环境，对于理解他藉以立身扬名的代表作品，也多了一个得窥豹纹的视角。

而况有些前辈作家对食事颇有研究，信手拈来，走笔龙蛇，将珠玑文字化作椒豉姜桂，鼎边执爨也不让专业厨师太多，或燔或炙，色香并美。我也很爱读这样学术含量较高的美食美文，在风俗历史与世故人情之外又多了一份收获，跟着大师穿行在柴米油烟的温热气息中，不亦乐乎？

进入新世纪以来，随着中国经济的高速增长，物质供应越来越丰富，从整体上说，老百姓的餐桌比历史上任何一个时期都要丰盛，吃得好，吃得巧，吃出健康，吃出情调，吃出文化，已成为全民共识。加上网络世界与现实生活的重合，美食爱好者也层出不穷，斗奇争艳，各领风骚，餐饮这一块对刺激消费、拉动内需的作用越益明显。庚子流年不利，全球范围新冠疫情爆发，也迫使中国社会多个环节停摆，但在有效防控的前提下，最先复苏的就是餐饮业。

正是基于这样的情势，人们对美食的热情持续高涨，对美食图书的研读兴趣及写作欲望也水涨船高，体验与抒怀，独酌与分享，无不体现了对辛勤劳动的犒赏，无不寄托了对美好生活的感恩与向往，"仰观宇宙之大，俯察品类之盛"，"一觞一咏，亦足以畅叙幽情"，兰亭雅集穿越而至的现实版，似乎构成了美好时代的世俗化特征。

这本《海上食事》，从卷帙浩繁的文档中爬梳剔抉，抹去历史的浮尘，整理出数十万字的美食美文，社会各阶层日常生活的私人化书写，不经意中成为一个时代的真实见证，恂恂学者的砚边墨余，读来更觉趣味盎然。诚如钟先生所言："从杯匕之间窥见一点前辈文人的风度和气质，而糟鱼与茵陈酒的味道实在还在其次。"对于今天热衷于美食写作的人们而言，前辈作家的文字，经过陈酿琼浆的浸润，至今仍散发着缕缕芳香，读进去便可猜想他们宿醉初醒时的憨态。

那么这本《海上食事》又能为我们提供哪些历史信息和文化滋养呢？

首先，它为我们展现了一幅烟雾缭绕、热气蒸腾、车马辐辏、市声沸腾的街市图景。上海开埠前后，随着外国传教士和商人的进入，西方文化也随之浸染这个东南大都会，而食事又最能以味觉刺激让市民感知，并当作一种风尚来领受。开埠不久，太平天国战事席卷中国南方，上海境内又突发小刀会起义，硝烟弥漫，山河变色，上海周边省份的小生产者和农民纷纷涌入上海租界避难，形成上海第一波移民大潮。战争与移民的不期而至，直接反映在食事上，就是引进了许多外省风味。接下来，甲午战争爆发以及清王朝覆灭、民国肇始，外国资本与异质文明加快了对上海的渗透，中国的民族资本也开始觉醒并崛起，上海诞生了最早的实业家和买办，也诞生了中国最早的工人阶级。魔都似乎能提供比人们的想象还要宽广的生存空间，于是一波更壮阔的移民大潮汹涌而至，其中不少人也选择了餐饮业，外省风味——包括西餐——的大规模进入，遂使上海成为美食大观园。抗日战争期间，江南诸省的民众再次进入上海租界躲避兵燹，客观上也促进了孤岛的畸型繁荣。

必须说明的是，移民潮引发上海风味美食的"物种多样性"并不是主动的、有预案的，而是被动的，是外来移民出于生存需要，选择了这一门槛很低的业态，又因为日益膨胀的城市人口及商贸酬酢的需要而形成了庞大的市场客体，互为作用地形成了风味美食百花争艳的格局。

"上海来谋生的人，既然有满溢之患，那些贫民贩夫，岂有不谋一个容易谋生而有持久性的职业干，挑着担，摆个摊，卖些小吃或点心之类，这是最好的一条出路。"（钱一燕《吃在上海》）灯红酒绿的浮华背后，有衣衫褴褛，也有血泪斑斑。

其次，我们还可以借助前辈作家的客观记述，梳理各省地方风味在上海登陆及发展的线索，为今天的餐饮市场溯根探源。

风味美食的此消彼长，折射出商业竞争的激烈，也可一窥执业者的经营理念与操作水平。上海是一座中西方文化发生激烈冲撞与高度融合的大都会，也是"苟日新，日日新，又日新"的时尚高地，由是便成为餐饮界数代名厨大师一展技艺的大舞台。"自互市后，日臻繁盛，而新新楼启焉。饮食之人，争尝金陵风味，车马盈门，簪缨满座，盖二十年如一日也。"（《酒馆琐谈》）读到这样的文字，眼前仿佛呈现《清明上河图》这样的热闹场景，官吏、商贾、文士、厨子、酒保、醉翁、娇娘、车夫、露天通事、跑街先生、肩挑手提的小贩……一一从我们面前走过。

这几年本帮菜似乎满血复活，有些老字号创始于清光绪年间，看上去资格很老，有人推而论之，以为本帮菜也应该与鲁、苏、闽菜一样悠久，但若翻遍这本《海上食事》，也只有一二处提到"本帮"，成文时间在上世纪30年代。这也再次证明唐振常先生所言，"上海饮食之可贵，首要一条，即在于帮派众多，菜系比较齐全，全国菜系之较著名者，昔

海上食事　　5

日集中于上海。所谓本帮，在上海从创立到发展，是晚之又晚的事。"

本帮菜虽然"晚之又晚"，根系在浦东的本帮厨师倒不必妄自菲薄，放眼今天餐饮江湖，本帮馆子至少有四五百家，菜谱也日益庞杂，将不少原属苏帮、徽帮、川帮的名肴都兼容并包，收为己有，这又印证了海纳百川、兼容并包、开拓创新、追求卓越的上海城市精神，称本帮菜是海派文化的结晶，应该不会有异议。

郁达夫、严独鹤、范烟桥、郑逸梅、周劭、许钦文、陈诒先、徐碧波、顾佛影、海上漱石生、天虚我生等前辈作家的这类文章写得相当放松，个人修养、性情都能在文字中得以体现，对故乡的感情以及口味偏好也一一展露无遗，更因为阅历丰富，交游广泛，对社会底层的民众持同情态度，便能看得比较深、比较透，对旧社会的不公也能发出正义的呼声，加之字里行间弥漫着浓浓的市井气息，当为后人研究上海市民生态的极佳文本。

比如许钦文在1947年写的《食在上海》：

提到上海的饮食，我总要联想到亡友元庆。当初他在报馆里工作，寓在一间放楼梯的暗室里。我在浦镇教书，暑假和他同寓。我们知道炒虾仁在上海很普通，可口，并不很贵，香粳米饭也不错。可是我们的收入不足以语此。每到傍晚，我踱到平望街去等他，看他从高大的洋房里出来，一道回到矮小的暗室里。我们没有包饭，每餐临时解决。照例经过许多菜馆都不回顾，连面店也不敢进去，总是在粥店里共进晚餐，吃粥的地方大概在低低的楼上，一进去就觉得热烘烘。等到吞下两碗稀饭赶快出来，衣服贴住皮肉，总是做了搭毛小鸡。后来他在立达学园教书，我已出了好几本书，我们都已为有些人所熟识。我从北平南回，一同被请吃饭，炒虾仁可以大嚼了。记得有一次，在北四川路的闽菜馆里，二十四元的一桌菜。全鸡全鸭，还有整只的烤乳猪，吃得亦醉亦饱。我和元庆都有些负担，下一餐，仍然只买几个烧饼一边吃一边走，一道走到江边去。住在上海的人大概忽忙，招待客人总只一餐，我们常常在这样的情境中。

许钦文是鲁迅先生的同乡，自认是先生的"私淑弟子"，以小说创作登上文坛，受到鲁迅的扶助与指导，他的短篇小说集《故乡》就是由鲁迅选校并资助出版的。所以他的眼睛是朝下的，在作品中也表达了对劳苦大众的同情："去夏在旅馆里，妻见到两个茶房在品吃一个腌鸭蛋配一餐饭，觉得奇怪。虽然这也是战后生活困难的一种现象。可是比较起来还算是好的。像四川的轿夫，所谓饭菜，只是在辣酱碟子里润一润筷头罢了。"

这样的美食文章已经超乎对食物的单纯品鉴，而上升为对社会的观察与分析了。美食文章重在散发温热的人情味，许钦文的文章继承了鲁迅的精神风骨，应该成为一个不可缺席的重要声部。

《海上食事》的另一部分谈及上海的风俗和物产，无论弄堂饭店还是小菜场，无论饮冰室还是夜壶肉，无论云片糕还是高桥松饼，无论豆酥糖还是黄泥墙水蜜桃，一物一议，一味一品，生动活泼，饶有情趣，不失为研究上海近代史的宝贵资料。

今天，似乎谁都可以写美食文章，事实上每天都会涌现成千上万的写手，一出手便令人刮目相视者也不少。与餐饮业一样，写作的门槛也是很低的，放在今天文化繁荣的大背景下来考察，当然是好事情。但是我也发现有些写手比较浮躁，博眼球、涨粉丝的欲望十分强烈，读书不多，积累不厚，美食体验也不足，却惯于从他人的经验中获取资源，有时就不顾脸面地做一个文抄公，居然也能在网络世界赢得一片叫好，这实在叫人哑然失笑。所谓"洗稿"绝对是一种恶习，也是有悖法律精神的。所以我在此推介这本《海上食事》，也希望更多的美食写手能静下心来读读前辈作家的美食文章，学一学写作的技巧，更要学一学他们深入社会的观察能力，还有自身的修为。

张伟兄嘱我为此书作序，深感荣幸之余也感到责任所在，便以美食写作者的身份谈点读后感，但愿能引起读者朋友的共鸣。

目录

食肆琐谈

沪渎菜系

海上食经

五谷余味

果蔬拾遗

殊味散记

风物杂录

宴游逸趣

食 肆 琐 谈

酒馆琐谈

上海彝场一区，当日实北邙也。墦间之祭，余则有之，酒馆何有哉？自互市后，日臻繁盛，而新新楼启焉。饮食之人，争尝金陵风味，车马盈门，簪缨满座，盖二十年如一日也。其时浦五房亦以姑苏船菜擅名，无何，乃有泰和馆焉，同新楼焉，最后则增复新园、庆兴楼。复新分自新新，亦金陵人。庆兴分自同新，皆天津人。合而言之，新新开最久而味最佳。分而言之，各馆皆有擅长之品，如新新楼之绍兴酒、红鱼翅、烧羊肉、煮面筋、鸡汤面；复新园之烧卖炒面；浦五房之蜜炙南腿；泰和馆之烧鸭饽饽；同新、庆兴之汤泡肚、溜黄菜、玉兰片、虾子豆腐、炖大小肠皆足擅绝一时，交誉众口。复新又以地火胜，庆兴更以洋楼名，以故此六馆者，朝朝裙屐，夜夜笙歌，酒绿灯红，金迷纸醉。逞豪华者，即今日食万钱，犹嫌无下箸处；敦俭素者，不必五簋八碟，亦足令人朵颐也。

外此犹有六馆，曰长春，曰长源，曰长兴，曰景阳，曰益庆，曰鸿运，皆宁波肴馔，专以海错擅长，亦复则有风味。然属餍者少，等诸自郐以下焉。既述琐谈，要编韵语。其词曰：

楼唤新新二十年，金陵风味果超然。

复新一帜新分出，地火煌煌照绮筵。

船菜人夸浦五房，蔬红果绿映新妆。

泰和味诩南兼北，粤海津沽总擅长。

绮楼追步号同新，引得南人竞问津。

又美庆兴宾客盛，洋楼高敞绝纤尘。

四明酒馆说三长，更有高楼号景阳。

益庆最先鸿运继，海鲜毕竟此中尝。

原载《申报》1872 年 6 月 18 日第 2 版

沪上酒食肆之比较

严独鹤

余为狼虎会员之一，当然有老饕资格，而又久居沪滨，则于本埠各酒食肆，当然时时光顾。兹者《红杂志》增设"社会调查录"一栏，方在搜求材料，余因于大嚼之余，根据舌部总司令报告，拉杂书之，以实斯栏。值此春酒宴宾之际，或可供作东道主之参考。然而口之于味，未必同嗜，余所论列，亦殊不能视为月旦之评也。

沪上酒馆，昔时只有苏馆（苏馆大率为宁波人所开设，亦可称宁波馆。然与状元楼等专门宁波馆，又自不同）、京馆、广东馆、镇江馆四种。自光复以后，伟人、政客、遗老，杂居斯土，饕餮之风，因而大盛。旧有之酒馆，殊不足餍若辈之食欲，于是闽馆、川馆，乃应运而兴。今者闽菜、川菜，势力日益膨胀，且夺京苏各菜之席矣。若就吾个人之食性，为概括的论调，则似以川菜为最佳，而闽菜次之，京菜又次之。苏菜镇江菜，失之平凡，不能出色。广东菜只能小吃，宵夜一客，鸭粥一碗，于深夜苦饥时偶一尝之，亦觉别有风味。至于整桌之筵席，殊不敢恭维。特在广东人食之，又未尝不大呼顶刮刮也。故菜之优劣，必以派别论，或欠平允。宜就一派之中，比较其高下，庶几有当。试再分别论之。

（甲）川菜馆

沪上川馆之开路先锋为醉沤，菜甚美而价奇昂。在民国元、二年间，宴客者非在醉沤不足称阔人。然醉沤卒以菜价过昂之故，不能吸引普通吃客，因而营业不振，遂以闭歇。继其后者，有都益处、陶乐春、美丽川菜馆、消闲别墅、大雅楼诸家。都益处发祥之地，在三马路[1]（似在三马路广西路转角处，已不能确忆矣）。其初只楼面一间，专售小吃。烹调之美，冠绝一时，因是而生涯大盛。后又由一间楼面扩充至三间。越年余，迁入小花园，而场面始大。有院落一方，夏间售露天座，座客常满，亦各酒馆所未有也。然论其菜，则已不如在三马路时矣。陶乐春在川馆中资格亦老，颇宜于小吃。美丽之菜，有时精美绝伦，有时亦未见佳处。大约有熟人请客，可占便宜；如遇生客，则平平而已。消闲别墅，实今日川馆中之最佳者，所做菜皆别出心裁，味亦甚美，奶油冬瓜一味，尤脍炙人口。大雅楼先为镇江馆，嗣以折阅改组，乃易为川菜馆，菜尚佳。

（乙）闽菜馆

闽菜馆比较上视川菜馆为多，且颇有不出名之小馆子，为吾侪所不及知者。就其最著者言之，则为小有天、别有天、

---

1. 编者注：三马路即今汉口路。

中有天、受有天、福禄馆诸家。大概"有天"二字，可谓闽菜中之特别商标。闽菜馆中，若论资格，自以小有天为最老，声誉亦最广。清道人在日，有"天天小有天"之诗句。宴集之场，于斯为盛。若论菜味，固自不恶，然亦未必能遽执闽菜馆之牛耳。别有天在小花园，地位颇佳，近虽已改租，由维扬人主其中，然其肴馔，仍是闽版。闻经理者为小有天之旧分子，借此别树一帜，则别有天之牌号，可谓名副其实矣。至于菜味，殊不亚于小有天，而价似较廉，八元一席之菜即颇丰美。中有天设于北四川路宝兴路口，而去年新开者，在闽菜馆中，可谓后进。地位亦颇偏仄，然营业甚佳，小有天颇受其影响。其原因由于侨沪日人，多嗜闽菜，小有天之座上客，几无日不有木屐儿郎。自中有天开设以后，此辈以地点关系，不必舍近就远（北四川路一带日侨最多），于是前辈先生之小有天，遂有一部分东洋主顾为中有天无形中夺去。余寓处距中有天最近，时常领教，觉菜殊不差，价亦颇廉。梅兰芳来沪，曾光顾中有天一次，见诸各小报。于是中有天之名，始渐为一般人所注意，足见梅王魔力之大也。受有天在爱而近路[1]，门面一间，地方湫隘，只宜小酌，然菜亦尚佳。福禄馆在西门外，门面简陋，规模仄小，几如徽州面馆。但所用厨子，实善于做菜，自两元一桌之和菜，以至十余元一

---

1. 编者注：爱而近路即今安庆路。

桌之筵席，皆甚精美。附近居人，趋之若鹜。此区区小馆，将来之发达，可预卜焉。余既谈闽菜馆，尤有一事，不能不为研究饮食者告。则以入闽菜馆，宜吃整桌，十余元者，八九元者，经酒馆中一定之配置，无论如何，大致不差。即小而至于两三元下席之便菜，亦均可吃。若零点则往往价昂而不得好菜。尝应友人之招，饮于小有天。主人略点五六味，皆非贵品，味亦不佳。而席中算账，竟在八元以上，不啻吃一整桌，论菜则不如整桌远甚。故余劝人入闽馆勿吃零点菜，实为经验之谈。凡属老吃客，当不以余言为谬也。

（丙）京馆

沪上京馆，其著名者为雅叙园、同兴楼、悦宾楼、会宾楼诸家。雅叙园开设最早，今尚得以老资格吸引一部分之老主顾。第论其营业，则其余各家，均以后来居上矣。小吃以悦宾楼为最佳。整桌酒菜，则推同兴楼为价廉物美，而生涯之盛，亦以此两家为最。华灯初上，裙屐偕来，后至者往往有向隅之憾。会宾楼为伶界之势力范围，伶人宴客，十九必在会宾楼，酒菜亦甚佳。特宴客者若非伶人而为生客，即不免减色耳。

（丁）苏馆

苏馆之最著名者为二马路[1]之太和园，五马路[2]之复兴园，法大马路[3]之鸿运楼，平望街之福兴园。苏馆之优点，在筵席之定价较廉，而地位宽敞。故人家有喜庆事，或大举宴客至数十席者，多乐就之。若真以吃字为前提，则苏馆中之菜，可谓千篇一律，平淡无奇，殊不为吃客所喜。必欲加以比较，则复兴园似最胜，太和园平平。鸿运楼有时尚佳，有时甚劣。去年馆中同人叙餐，曾集于鸿运楼，定十元一桌，而酒菜多不满人意。甚至荤盆中之火腿，俱含臭味，大类徽馆中货色，尤为荒谬。福兴园于苏馆中为后起，菜亦未见佳处。顾余虽不甚喜食苏馆中酒菜，而亦有不能不加以赞美者，则以鱼翅一味，实以苏馆中之烹调为最合法，最入味，绝无怒发冲冠之相。此则为其余各派酒馆所不及也。（济群曰：独鹤所论，似偏于北市。以余所知，则南市尚有大码头之大醵楼，十六铺之大吉楼，所制诸菜，味尚不恶。）

（戊）镇江馆

镇江馆之根据地，多在三马路。老半斋、新半斋，望衡对宇，可称工力悉故。其余凡称为某某居者，亦多为镇江酒

---

1. 编者注：二马路即今九江路。
2. 编者注：五马路即今广东路。
3. 编者注：法大马路即今金陵路。

馆，特规模终不如半斋之大耳。镇江馆菜宜于小吃，肴蹄干丝，别饶风味，面点尤佳。迄今各镇江馆，无不兼售早点，可谓善用其长。唯堂倌之习气，实以镇江馆为最深。十有八九，都是一副尴尬面孔，令人不耐。然座中客如能操这块拉块之方言，与之应答，则侍应亦较生客为稍优云。（济群曰：余亦颇嗜镇江馆肴肉包子之风味。顾以堂老爷面目之可憎，辄望而却步，今阅独鹤此篇，足征镇江馆堂倌之冷遇顾客，乃其能事，且肴肉等价亦甚昂。然则吾辈，花钱购食，原在果腹。何必定赴镇江馆，受若辈仆厮之傲慢耶！）

（己）广东馆

广东馆有大小之分：小者几于无处不有，而以北四川路及虹口一带为最多，大抵皆是宵夜及五角一客之公司大菜肴，实无记载之价值；大者为杏花楼、粤商大酒楼、东亚、大东、会儿楼诸家，比较的尚以杏花楼资格为最老，菜亦最佳。其余各家，则皆鲁卫之政，无从辨其优劣。盖广东菜有一大病，即可看而不可吃。论看则色彩颇佳，论吃则无论何菜，只有一种味道，令人食之不生快感。即粤人盛称美品之信丰鸡，亦只觉其嫩而已，未见有何特别鲜味，此盖烹调之未得其法也。除以上所述诸家外，尚有广东路之竹生居、大新街之大新楼、南京路之宴庆楼等，则皆广东馆而介乎大小之间者，可列为中等。余则自郤以下，无足论矣，但北四川路崇明路转角处，有一广东馆，名味雅，规模不大，而屡闻友朋称道，谓其酒菜至佳，实在各广东馆之上。余未尝光顾，不敢以耳食之谈，据为定论，暇当前往一试也。

除上列各派之酒馆外，又有一品香之中国菜，则实脱胎于番菜，而又博采众派之长者，故不能指定为何派，大可称为番菜式的中国菜。此种番菜式的中国菜，强半出自任矜蘋君之特定，味有特佳者，亦有平常者，不敢谓式式俱佳，唯其色彩则至为漂亮，菜之名称亦甚新颖。有松坡牛肉者，为猪肚中实牛肉，几于每餐必具，云为蔡松坡之吃法，故有是名，可与东坡肉及李鸿章杂碎并为美谈矣。闻尚有咖啡汤烧鸡蛋一种，不知定何名称，可谓特别之至。任君支配一切，煞费

清末西藏路上的一品香欧菜馆

苦心，此大胆书生之小说点将录，所以拟之为铁扇子宋清也。（宁波同乡会之菜，颇似一品香，不知亦为任君所支配否，任亦同乡会之职员也。）一品香、大东、东亚三家因为旅馆而并营酒茶业者，顾其余各大旅馆，亦皆有大厨房，兼办宴席。旅馆中之菜，以振华为最佳，八元以上整桌，其丰美实在各苏菜馆之上；即两元之和菜，亦甚可口，为其他各旅馆所不及。麦家圈之惠中，能做苏州船菜，然味殊平常，未见特色。

酒馆、旅馆以外，尚有包办筵席之厨子，亦不乏能手，以余所知，城中陶银楼实为最佳，其次则为马荣记。陶所做菜，皆能别出心裁，异常精致，且浓淡酸咸，各有真味，至足令人叹美，唯烧鱼翅着腻过多，亦缺点。马荣记之烹调方法，颇近于一品香，而味似转胜。舍陶马之外，则厨子虽多，皆碌碌无足称述。沪宁铁路同人会中，有一刘厨子，自号为闽派，余于路局员司中，颇多戚友，刘厨子之菜，平日亦常领教，觉得偶制数簋，味尚不恶。乃有一次某君宴客，由刘厨子承办，定酒菜为十二元席，而所上各菜，直令人不能下箸，盖论味固咸淡失宜，论色尤令人望而生畏，不论何菜，俱作深黑色，汤尤污浊。每一菜至，座客皆不吃而笑，主人翁乃窘不可言，于此足见用厨子之不易也。

吾前所举自甲至己六种，实犹未足以尽沪上酒馆之派别，盖舍此六者外尚有回教馆（以五马路之顺源馆及大新街之春华楼为最著名，菜亦尚佳）、徽馆（沪上徽馆最多，皆以面点为主，而兼营酒菜，就目前各家比较之，以四马路[1]之民乐园及昼锦里之同庆园为稍胜，同庆园之鸡丝片儿汤味颇佳）、南京馆（南京馆与教门馆颇似同属一系者，前春申楼即为南京馆中之最著名者，春申楼之烧鸭，肥美绝伦，为各家所未有）、天津馆（天津馆前有致美斋，生涯颇盛，今则凡属天津馆，皆一间门面之小馆子，无复有场面阔大者矣）等，顾其势力，实较薄弱，只可目为附庸之国，不足与诸大邦争霸也。吾以上所记，随派别不同，可统名之曰荤菜系。顾沪上之酒食肆，除荤菜系外，尚有两大系，曰番菜系，曰素菜系，试更论列之如次。

---

1. 编者注：四马路即今福州路。

清末福州路上的致美斋酒馆

（一）番菜系

番菜系中，又可折而为二：一，真正番菜；二，中菜式的番菜。大抵各西洋旅馆中之番菜，皆为真正番菜；而市上所设之番菜馆，则皆中菜式的番菜也。论华人口味，对于真正番菜，皆不甚欢迎，宁取中外杂糅之菜，故此种中菜式的番菜，其势力乃独盛。真正番菜中，以沧州旅馆之菜为最佳，礼查次之，余则均嫌其淡薄，且冬日苦寒，犹往往具冷食，更为华所不惯。至华人所设之番菜馆，则以四马路之倚虹楼、大观楼为较胜，余如一枝香、岭南楼等则皆卖老牌子而已。倚虹楼前在北四川路，以价廉物美著称于时，一元之公司大菜，可具菜六道，且必佐以布丁及罐头水果。布丁之制法极

礼查饭店

新奇，名目繁多，都是非常见之品。自迁四马路后，价稍昂而菜亦稍逊矣，然较诸其他各番菜，似尚高出一筹。侍者之酬应宾客，亦以倚虹楼为最周到。东亚、大东、一品香，虽皆以番菜著，然不过卖一场面，论菜殊不见佳，一品香尤逊。忆某次宴集，菜仅五味，而猪排居其二，座客连啖猪肉，皆称奇不置，故余常谓一品香之番菜，乃远不如其中菜也。

（二）素菜系

沪上素菜馆，向只有三马路之禅悦斋、菜馨楼，皆不见佳，自功德林出，乃于素菜馆中开一新纪元。盖功德林主人欧阳君，礼佛茹素，而又精于烹调，因自出心裁，制为种种精美之素菜。闻今日功德林之厨子，皆亲受欧阳君之训练者，故功德林之菜，如草菇茶及蒸素鹅等数味，实为其他各素菜馆所远不能及者也。然论功德林之性质，实可称为贵族式的素菜馆，每席菜非至十数元殆不可吃，若六元八元之菜，则真食之无味矣，即十数元一席之菜，或亦须研究人的问题。余尝赴欧阳君之宴，席间诸菜，无不鲜美绝伦，顾后此复借友人宴于功德林，菜价为十四元一席，不可谓菲，而菜殊平平，远逊于主人请客时矣。至论各庙宇中之素菜，则以福田庵为最佳，净土庵（在宝山路）曩时甚好，今已渐不如前，若西门关帝庙之菜，直令人大喝酱油汤而已。

余论沪上酒馆，可于此告一终结，酒馆以外，尚有饭店、酒店、点心店三种。大马路[1]与二马路间之饭店弄堂，为饭店之大本营，两正兴馆彼此对峙，互争为老，其实亦如袜店之宏茂昌、酱肉店之陆稿荐，究不知孰为老牌也。饭店之门面座位，皆至隘陋，至污浊，顾论菜亦有独擅胜场处，大抵偏于浓厚，秃肺炒圈子，实为此中地道货。闻道人在日每至正兴馆，可独啖秃肺九盆，天台山农之量，亦可五盆，余亦嗜秃肺，但于圈子（即猪肠）则不敢染指。顾施济群君，能大啖圈子，至于无数，殊令人惊服（济群对于正兴馆锡以嘉名曰"六国饭店"，亦颇有趣）。酒店之优劣，余实无品评之资格，盖醉乡佳趣，非余所能领略也（但比较的似南市王恒豫之酒，视北市诸家为佳，因其酒味最醇）。点心店以五芳斋为最佳，先得楼之羊肉面亦自具美味，特余不嗜羊肉，未见其妙耳。

济群曰：独鹤记上海各酒食肆历历如数家珍，真不愧为狼虎会员哉。

原载《红杂志》1922 年第 34 期

1.编者注：大马路即今南京路。

沪上广东馆之比较

严少洲

前数期本杂志，登着一篇独鹤先生所著的《沪上酒食肆之比较》，旁搜博采，洋洋大观。我读了，顿时觉得馋涎欲滴，食指大动，恨不得立刻跑去各家菜馆里，鼎尝一脔，冀快朵颐。我虽不是狼虎会的会员，然而我却是一个有名的老饕，纵不敢说对于饮食一道，研究有素，但我吃过的广东馆子，倒也不少，就把来给诸位介绍一下罢，续貂之诮，自知难免。

广东人多住在虹口一带，所以广东的酒食肆，亦以虹口为盛，综计大酒店二家：会元楼和粤商大酒楼。宵夜馆十二家：味雅、冠珍楼、小旗亭、美心、品芳楼、江南春、荃香、宜乐、中意、广吉祥、怡珍，及最近新开之广东大酒楼。其余独鹤先生已经述过的，吾也不说了。

会元楼的酒菜，调味较粤商为胜，但只宜吃三四元的陶碗菜，若十余元的整桌，也就无足录了。曾记得有一次，和友人划鬼脚（即拈阄，谁拈着的，就是谁做东道，粤语谓之划鬼脚），吃了四元的陶碗菜，菜虽只有六味，却是非常可口，尤以一碗清炖鲍鱼为最佳，至今还觉香留齿颊间呢。

粤商规模颇宏，不似会元楼这么湫隘，加以地方宽敞，所以逢有红白的事，人们多乐就之为应酬。

宵夜馆以广吉祥和怡珍两家开设最早，资格最老。然而地方亦极逼仄，吃客强半系劳动界中人，因为售价既廉，肴馔又多，他们乐得大吃大嚼，还问什么好不好吃呢？到如今已成为他们的盘踞地了。

味雅开办的时候，仅有一幢房屋，现在已扩充到四间门面了，据闻每年获利甚丰，除去开支外，尚盈余三四千元，实为宵夜馆从来所未有。若论它的食品，诚属首屈一指，而炒牛肉一味，更属脍炙人口。同是一样牛肉，乃有十数种烹制，如结汁[1]呀、蚝油呀，奶油呀，虾酱呀，茄汁呀，一时也说不尽，且莫不鲜嫩味美，细细咀嚼，香生舌本，迥非他家所能望其肩背，可谓百食不厌。有一回我和一位友人，单是牛肉一味，足足吃了九盆，越吃越爱，始终不嫌其乏味。还有一样红烧乌鱼，亦佳，入口如吃腐乳，目下广东馆子效颦的不少，但是终及不到味雅的好。

冠珍楼在味雅对面，门可罗雀，因为营业尽被味雅占去了，故而支持不住。旋开旋歇。自从刘×接办后，大加刷新，扩充店面，兼售大菜，营业稍振，食品尚不恶，舍味雅外，亦可算数一数二的了。

宜乐初开办时，极为认真，招呼亦周到。红烧鱼头一菜，绝佳，可与味雅之牛肉媲美，可惜后来越弄越糟，互相倾轧，

1.编者注：结汁，今多作咭汁。

遂至闭歇。今年重新改组，但是大不如前了。

小旗亭和沪江春对峙，三层洋房，装潢甚美，日间市茗，入夜始卖酒食。它的广告上说，是用女子做厨司的，怪不得无论什么菜，都是另有一种说弗出的味儿。诸位有不信的，何妨走去尝试一下子呢。

美心在会元楼隔壁，吃客多葡萄牙人，犹小有天之多木屐奴也。

江南春专售中菜式的番菜，又可以唤作广东式的大菜。大餐每客只须八角，公司餐每客只须六角，烹调还可以过得去，所以生意也不弱。其余的几家，自郐以下，不足论了。

除上述各酒食肆外，尚有许多小食店，便道及之。

正气斋的馄饨，香浓味厚，汤尤鲜美，每碗仅售小洋一角，便宜极了。海香的水饺子，馅是用什锦制的，汤是用鸡杂煮的，合起来，滋味的好，是不消说了。谭满记的蛋炒饭，软滑甘美，很可果腹。以上数处，都在武昌路左近，不过地方也很卑陋的。

原载《红杂志》1922 年第 41 期

上海菜馆之鳞爪

熊

上海各式菜馆之多，甲于全国，十里洋场，颇似一菜馆博览会，无论何省何帮，皆有一二家于斯陈列，供吾人之大嚼。做客沪滨，欲一二日一易口味，当有二三月之异味可尝，上海人之口福，诚不浅哉。上海普通社会之宴客，大都用苏帮菜，以苏帮在上海之历史最为久远，习惯使然也。近年来标新立异之菜馆日多，而苏帮则依然故我，失势多矣。四川馆宴客为近来上海最时髦之举，川菜馆亦确有数味特殊之菜，颇合上海人之口味，而为别帮所不能煮者，奶油鱼唇、竹髓汤、叉烧火腿、四川泡菜等，皆川菜馆之专利品也。个中最享盛名者，厥为都益处，最初设在广西路，只一开间门面，后移至小花园，现迁至爱多亚路[1]，布置装饰，较原处为华丽，地位亦较宽敞，即杯筷台面等，亦焕然一新矣。汉口路之陶乐春，亦纯粹川菜馆，消闲别墅、南轩，虽标闽川菜馆之市招，但川菜占大部分。

苏式菜馆规模较大者，有平望街之福兴园，前后有大厅二，喜庆宴客，最为适宜，菜中有名龙凤腿者颇有名。其余

---

1. 编者注：爱多亚路即今延安东路。

鸿月楼宴客，刊载于《图画日报》1909年第42期

如五马路之得和馆、大庆馆、大鸿楼、鸿云楼等，俱隶苏帮旗帜下，地位不大考究，而菜很结实，主顾多工商界中人。

上海之宁波菜馆，亦极发达，宝善街之复兴园，法大马路之鸿运楼，二马路之太和园，为上海鼎足而三之宁式菜馆。鸿运楼之鱼翅，在菜馆中独享盛名；复兴园之菜，则较为细洁漂亮；小东门之大吉楼，菜亦甚佳，水果行及咸货行等宴客，大都假座于此，以其地段适中也。八仙桥之状元楼，地位亦敞，食客甚多。

京菜馆在上海亦占一部分势力。京馆中之堂倌多北方人，招待顾客，最为周到。雅叙园、悦宾楼、会宾楼、同兴楼四家，为上海京菜馆之最有名者，其中以雅叙园之资格为最老，该园之粉蒸肉，已享誉十年盛名矣。汉口路之小有天，闽菜馆也，经其同乡清道人之提倡后，生涯极盛一时，近年遭川菜馆之打击，吟"天天小有天"之上海人日稀矣。西门外之福禄馆，亦售闽菜，规模虽小，菜颇可食。又北火车站附近，亦有闽菜馆多家，据友人云，以中有天为最佳云，暇当尝之。

广东菜馆，以北四川路之会元楼、粤商酒楼（即前翠乐居）及先施、永安附设之东亚、大东等酒楼之馆址最大，喜庆丧吊等宴客，假座者颇多。杏花楼为上海最老之粤菜馆，生意亦历久不衰。味雅一类菜馆，标名太牢食品馆，其地位介于大酒楼与宵夜馆之间，以售牛肉得名，蚝油牛肉，味最美，价亦不贵。

镇江菜馆，仅新老二半斋地位较大，菜亦地道，余皆不甚著名。

徽馆之多，在上海菜馆之总数中，占其半，无论城厢租界，无徽馆纵迹者极少，稍著名者为聚乐园、聚丰园、聚元楼、醉白园、其粹楼等，其中以醉白园之资格为最老，而麇集于福州路一带者尤多。

素菜馆最先设立者，为禅脱斋，功德林继起，无籍籍名，后经沪埠巨商大贾之佞佛者之提倡，始哄动一时。自功德林发达后，中国素菜遂起一革命，所谓豆腐面筋之素斋，几无人顾问矣。

本帮菜之有名者，只小东门内之人和馆，和小南门外之一家村二家，其余皆属饭店，不甚著名。

西菜馆以华人自设者，最合我人口味，真正西菜，嗜之者颇鲜，太平洋、新利查、一品香、倚虹楼、大观楼、一枝香、品香楼、一家春、岭南楼，南京路之东亚、大东、惠尔康等，皆供国人饮宴之西菜馆，其中以一家春、一枝香之资格为最老，一品香之西洋色彩最重，倚虹楼之烹调最合上海人之口味，招待亦殷勤，故生涯特佳。一枝香午餐公司大菜最佳，中餐稍逊，不知何故。

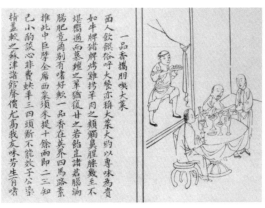

一品香携朋吃大菜，刊载于《良友》1936年第115期

以上略述上海菜馆之大概，挂一漏万，在所不免，尚望今世易牙，锡吾教言，不胜感荷。

原载《申报》1924年12月21日第20版

上海菜馆之今昔

梅生

沪上菜馆林立，山珍海味，极海内外之精华。昨余与熟悉该业中人谈及三十年来菜馆之变迁，颇足纪述，爰拉杂书之如下：

菜馆业初唯有徽州、宁波、苏州三种，后乃有天津、金陵、扬州、广东、镇江诸馆，至四川、福建馆始于光复后盛行沪上。徽馆兼售汤面，可随意小吃，取价尚廉，租界中以法租界之其萃楼为最老。宁波馆现尚盛行。扬州馆昔日有淮阳九华楼，当时风行一时，现已歇业矣。苏馆如五马路之得和馆、大庆馆生涯甚好，中下等社会，多乐就之，以其价廉物美也。天津馆现存者，以雅叙园为最老，此外悦宾楼、鸿宾楼、会宾楼皆继起者也。广东馆初唯大马路有之，专售消夜，每客两热两荤，一汤一饭，只需铜元二十枚，且可两人合食，其后则遍设于四马路各处，四马路之杏花楼、四川路之会元楼、翠乐居等，均广东馆中之大者，设筵称曰开厅，另雇粤中音乐吹唱，开厅之价，需数十金。镇江馆，如新老半斋、大雅楼，小吃开筵均可，价亦尚廉。四川、福建等馆，均于光复后始开设，盖当时遗老丛集沪上，如樊樊山、易实甫、沈子培、李梅庵诸辈，文酒风流，均集于小有天、别有天、醉沤斋、式式轩诸家，而闽蜀菜馆之名，因之大噪，士夫商贾之请客者，意非此种菜馆，不足以表盛馔。每筵之价，需十金以外。今醉沤斋、式式轩已闭歇。蜀菜馆之新起者，有都益处、锦江春，他如湘之桃源馆，开设未久即闭。

至中国人所办之番菜馆，始于一品香，每人大餐一元，小食五角，当时人鲜过问，其后继起者渐众矣。外国大餐馆之始开者，为法租界之密采里，今已闭歇，余如客利、礼查、金隆均旅馆而兼售大菜者也，此外尚有别克登、卡尔登诸家。虹口日本人所设之料理馆，如六三亭、松乃家为彼国之著名者也，料理每客三元，并有艺伎侑酒，但华人之不解口语者，须由彼邦人同去。亦有小吃，如吾国边炉之类，分鱼片、鸡片、牛肉片诸食，每餐二三人食之，代价约一元许。

此外饭店酒店诸类，变迁各异，他日当别记之。

原载《申报》1925 年 11 月 10 日第 17 版

谈上海之饭馆

吴天醉

上海一埠为中国第一繁华都市，旅客云集，故华租两界饭馆林立，诚以食为民天，凡人一日不再食则饥，食固为人生三大要需（即衣食住三项）之一，不可一日或缺者也。沪上饭馆有一优点，即代价划一，老少无欺，唯初至之旅客，或虽寓沪已久，而不习焉者，对此茫无所识，亦殊感不便。况迩来米珠薪桂，百物价昂，生活程度逐年增高，自奉俭约者，苟入饭馆以图果腹，尤不可不讲求"经济"之吃法。谚云：万事无如吃饭难。又云：吃饭亦须经验。其斯之谓矣。兹且就沪上各饭馆述其概要，以作南针之指示。

沪上饭馆约分四大帮，即本帮、苏帮、无锡帮、宁波帮是也。饭馆同业自去秋公议增价后，或已改售洋码或仍售钱码而增其价。此四帮饭馆开设于各马路，大抵双开间门面，气象堂皇，且有楼座，外观华美，形似乡间之大馆。唯可识别者，饭馆厨灶即在大门内，路人经过，可以窥见，而大馆则不然，其厨灶不可得见（广东小馆亦然）。又沪上各饭馆之市招，但书某某馆，并无某某饭馆字样，旅客尤不可不知。客苟入馆但谋果腹，其经济之吃法，宜就楼下座，择价廉物美而又清洁之菜肴为佐餐品，聊以充饥可也。苟准备出钱稍多，则宜就楼座，较为雅洁，食品亦较为精美。随意小酌，各式汤炒盆碗菜，凡大馆所能供者，几无不应有尽有，而价则较廉多矣。其味亦有甚可口者，如南京路饭馆弄堂之各饭馆，其最著者也，价廉之品除荤素冷盆，可自行参观选择外，如红汤、血汤、煎豆腐、芋艿羹、豆芽羹、肉丝豆腐汤或羹、骨浆、油猪肝猪肠汤、黄豆汤、咸菜豆板汤等；价稍昂者如炒肉、咸肉、咸菜肉丝汤、清蛋汤、荷包蛋、虾米蛋汤、肉丝蛋汤、黄豆肉丝汤、榨菜肉丝汤、线粉蛋汤、爆鱼线粉汤、三仙汤、三丝汤、鸡丝蛋汤、炒鱼豆腐汤、卷生炒、炒卷、小白蹄、干咸肉、白肚、汤酱、黄鱼羹、炒三鲜、炒鳝丝、炒虾仁或虾腰、炒鸡片、炒鲭鱼、虾仁炒蛋、蟹粉虾仁、腌鲜、大白蹄、油炸蹄、油炸黄鱼、大肉圆、油爆虾、排骨白鸡、时件、醉虾等等。

其他不胜枚举。以上但略举其价廉普通之品，因见每有客入座不能举其名，故略举之为旅客告。总之，每肴宜先问价，则有预算，庶可不致受欺，而免阿木林洋先生之诮耳。

原载《申报》1927 年 6 月 24 日第 16 版

市招上的考古学

秋山

从前读陆放翁的新年诗，中间有一句云，"老庖供馎饦"，又一句云，"应时馎饦聊从俗"，虽然知道"馎饦"是食品，究不知是何种食品。一天，从上海七浦路附近一家山东饼店门外走过，看见他的招牌上有"馎饼"两字，因此想起馎饼就是通常所吃的薄饼。此种饼子，系以面粉做成极薄之饼，在火上烘熟，食时，用它包裹了蔬菜一同食，在山东直隶一带的山东菜馆内，或在上海的山东菜馆内，都是常食之品，但皆呼为"薄饼"，且亦写作"薄饼"，没有人认识它是"馎饼"，更没有人认识它是"馎饦"了，独有七浦路一家饼店的招牌，还不失古意，能帮助我们来批注陆放翁的诗。

前几年《申报》记者杨老圃先生曾考证长生果（即花生），他说长生果原是外国产，最初输入中国的福建地方，由福建慢慢地传播到各地，他引的证据很多，他的话是对的。但是除了他引的许多证据以外，再有一件极寻常的事，也可给他做一个证据。就是上海有许多小杂货店，往往有一块招牌，上面写着"福州花生"四字，想这四字，是因袭老文章，而在最初创作这四个字时，江浙间所吃的花生，还都是从福建运来的，然藉此招牌也可证明在中国是福建最先有花生了。

在上海北四川路附近，常看见墙上贴着一种出租房屋的招贴，上面四个大字，是"二阶借贷"，这种特别的招贴，是专给日本人看的，中国人看了，是不大明白的。近日偶读《塵史》，其中有一条，略云，福建人呼"梯"为"陔"，"陔"为"阶"之转音，因想起古代没有梯字，阶就是梯，梯就是阶，又想起招贴上所谓"二阶"是指"二层楼"，这"阶"字也可供给考古的先生们引用，如遇着需要的时候。

文言中间的"与"字，白话或作"和"字，或作"合"字。前几年似乎有人提议，要把它们分开来用，什么地方应该用"和"字，什么地方应该用"合"字，其实两字只是一字，因南北口音不同，变成两字罢了。但看上海徽州菜馆里的菜价牌上，常常写着"和菜一元"，或"和菜二元"，再看天津菜馆里的菜价牌上，就写着"合菜"了。此外再有店号，南方多"和兴""和顺"等名，在北方必作"合兴""合顺"，这可证明"和"字就是"合"字，"合"字就是"和"字，因为北方没有入声，读入声都作平声，那么，"合"字的平声，自然是"和"字了。

原载《小说世界》1927 年第 16 卷第 21 期

上海的茶馆和酒店

红鹅

酒店

本篇所说的酒店，是专卖酒的酒店，虽也有下酒的酒菜，然而还是专靠所卖的酒，好歹藉招徕主顾。从前四马路的豫丰泰，颇有盛名，夜市散得极迟，往往一二点钟的时候，还有许多酒客，纷纷光顾。

章东明的牌号，在这种酒店中，算第一块老牌子，凡是欢喜喝酒的，都欢喜喝章东明的酒。四马路、大马路、公馆马路[1]、南市，无处不有章东明的酒店。究竟哪一家是真正的老牌子章东明，却非是喝酒的内行人，分辨不出。

清末公馆马路街景

1.编者注：公馆马路即今金陵东路，当时亦称法大马路。

王宝和酒店，在上海这类中的酒店队里，也算是一家好酒店。王裕和酒店，与王宝和相差一字，据说是和王宝和特地做鱼目混珠的。高长兴酒店，也有许多的喝酒人，欢喜喝他们的酒。

言茂源在四马路，生涯的挤摊，不下于豫丰泰，但是常常打债务官司而关闭，可算是酒店中多事的酒店。余孝贞在小东门大街，从前小东门花烟间盛时，余孝贞的酒，极盛行于花烟间中，因此有余孝贞花酒的雅号。自小东门的花烟间被禁迁移，余孝贞花酒的雅号，便渐渐地被湮没不彰了。

章同源，章同茂，都和章东明相差一个字，自然不言可知，抱着冒牌的用意了。老同顺酒店，据说他店里的酒，也可以一喝。陈贤良的酒，欢喜喝的人很多。同三美酒店里喝酒的人，堂子里的乌师最多，在乌师帮中，同三美的酒，很有些佳誉。方壶酒店，是新开一家酒店，据他们自己说，他家的酒，确实从绍兴产地运来，在上海的酒店中，算是第一家好酒。方壶地在香粉弄中，酒色香粉气，倒是绝妙的好词呢。大概喝酒的酒人，差不多都是酒店中喝的。

上列诸家酒店，便是喝酒人所称道的。有许多糟坊，也有兼卖热酒的，但是糟坊所卖的热酒，不及酒店的酒多多，喝酒的人，情愿喝酒店的酒，不愿喝糟坊的酒。糟坊的酒只可用在菜中调味，不能供人过酒瘾。饭店菜馆中的酒，须看他们邻近有否有好酒店开着。若是邻近有好酒店开着，他们也有好酒卖了。酒店中常把水和在酒中，尤其是一般小酒店，和兼卖热酒的糟坊。还有一家同宝泰，也是上品。这同宝泰不特在上海有名，在天津也很有名。天津三不管后面，有同宝泰分店，天津人逢有大应酬时候，所喝的酒，定要在同宝泰买的。王裕和在天津也开着一家，但是终不及同宝泰的生涯好。

茶馆

上海的茶馆，不过是供人聚集的所在，谈不到"品茗"二字。因为冲茶的水，是用自来水的，比起什么的山水、井水、涧水，风味早差得许多。茶叶虽有什么雨前、龙井，但是也没有十分好货，大半是上海人的喝茶，不在茶叶和水面注意。

一乐天茶楼
刊载于《良友》1935年第112期

仝羽春茶楼
刊载于《良友》1935年第112期

因此上海的茶馆，不过是供人聚集的所在了，谈不到"品茗"二字上去。现在上海最上等的茶馆，推南京路的一乐天和全羽春二家。这二家初开市的时候，晚上是雏妓聚集之所，夜间八点钟至十点钟，那南京路上一带所住的雏妓，都在那二家茶馆中，拉客招徕。后来经捕房严禁，如今便没有了。

福州路有三家大茶馆，一家是四海升平楼，一家是长乐，一家是青莲阁。三家茶馆中，尤其是青莲阁，远近闻名，誉驰海内。凡是初到上海的人，必到青莲阁赏光一次。其实青莲阁也没有什么特殊的，却是福州路一带雏妓大本营。到青莲阁喝茶的人，除了上午是有几帮商人的茶会，下午起到夜间停市止，差不多都是雏妓盘踞在上，凡是上流社会和束身

清末福州路上的茶楼

自好的人，平日无事，万不肯踏进青莲阁，负那嫖雉妓的恶名。四海升平楼从前和青莲阁一般，也有雉妓的市面，跑青莲阁的雉妓，是扬州帮的雉妓，跑四海升平楼的雉妓，是苏州帮的雉妓。长乐虽在一条马路上，都没有雉妓三楼，长乐附设书场，每夜听书的人，倒也不少。一乐天和全羽春，另有雅座，取价甚昂。

福州路上的茶馆

青莲阁茶楼

青莲阁茶楼，刊载于《良友》1935年第112期

先施公司也曾开过茶馆，名唤先施茶楼。五龙日升楼，是上海有名的茶馆，虽是旧茶馆，却是知道的人很多。五云明泉楼，旧时和日升楼望衡相对，现在早变做永安公司了。还有几家茶馆，如乐园，其名与先施公司屋顶花园乐园相同，《自由谈》与《申报》的屁股名相同。

城内的得意楼，在新年中，尤其生涯热闹，湖心亭市面环水，风景特佳。临江的茶馆，十年前有一家第一楼，在南市外马路，后来被火焚毁，现在改造了大达轮步公司的货栈。

虹口一带，有几家广东茶楼。六马路[1]的龙园，新闸路的近水台，虹口的万阳楼，十六铺外马路的中华楼，法大马路的群乐居，新北门口民国路的新新楼，这几家都有特别的茶会，很能使人注意，其实正是群魔聚居的窟呢。

原载《上海常识》1928 年第 43 期

---

1. 编者注：六马路即今北海路。

上海的餐馆

瘦鹤

京苏粤川闽餐馆的情形　上中下三等餐馆的作弊

餐馆是关系人生口身的的营养，所以也是社会重要的商业，繁盛的上海，大小餐馆不下数于百家，而各帮餐馆，派别很多，列之如下：

（一）大餐馆

大餐馆烹饪的方法，都仿照欧美，著名的像一枝香、大东酒楼、东亚酒楼等。

（二）京菜馆

京菜馆雇佣的厨司，都是北方人，风味都迎合北方人的嗜好，著名的像悦宾楼、同兴楼、会宾楼等。

（三）苏菜馆

苏菜馆烹调的滋味，都为苏省人士所喜，北方人叫它"南菜馆"，著名的像大庆楼、鸿运楼等。

（四）广东馆

广东馆又叫粤菜馆，都是粤人所开设，菜味烹法，完全粤派，虹口一带最多，著名的像杏花楼、安乐园等。

（五）川菜馆

川菜馆的膳品，大概四川和云南、贵州人都欢喜吃它，著名的像大雅楼、都益处等。

（六）闽菜馆

闽菜馆又称福建馆，食品都为福建人所好，像汉口路的小有天便是。

（七）维扬菜馆

维扬菜馆的膳品风味，介乎京馆、苏菜馆之间，为山东、安徽和苏省江北人所喜，著名的像老半斋、第一春、聚和园等。

福州路上的第一春菜馆和春园菜馆

餐菜馆的派别

既然各有不同，其间的等级，也大相悬殊。最上等就是大餐馆，房屋又高又幽深，客座清净又雅致，每上一次菜，所有刀叉用具，便调换一次。盛菜的器皿，又极其干净，先进一汤，再上鱼肉点心或饭，末次便上咖啡、水果。外国人所设的餐馆，每餐要七八元之贵，普通还是吃公司菜好，但是不能点菜罢了。

吃司菜，刊载于《图画日报》1910年第167期

上等的餐馆，就是各帮菜馆，膳品也很精美，座位也很舒畅，价钱却比较贱了。至于普通的餐馆，大概称为中等餐馆，

价钱却很公道，凡是寻常宴客，最是相宜。下等的便是便饭馆，屋小位窄，但图饱腹而已。

餐馆的等级，既如上述，而其中的弊端也难以指数，大约等级愈高，弊病愈多，现在在下分别写于下面。

（一）最上等餐馆

最上等餐馆就是大餐馆。大餐馆的账房，是专司银钱出纳的人，例如佣人的薪水，从他发给，顾客的菜账，由他经收。倘使佣人是他的亲友，便容情宕账，顾客中有平时认识者，便放滥账，任延欠，或者客人的账已收，却入于私囊种种弊端，指不胜屈。又像大餐馆应用的食物和啤酒、罐头等，都有一人专司进货，叫买头先生。买头的弊，或把次等的货品，报上等的价钱，或支取现钱，向上家欠账。至于收回佣、买小货，却是普通的作弊，不足为异的。

大餐馆里的西崽，他的作弊，不下于账房、买头。因为精干的西崽，都为大老阔少所信任，所以对于餐馆的营业，大有关系。台上排列西红柿、辣酱油等瓶，原是预备食客临时应用的，西崽却把空瓶来调换，售于外间。又如菜账为十元五六角，食客如数付给，他却托辞是老主顾，把十元到账房销账，干没五六角。倘使明知其弊，认真挑剔，他就联合管工厨夫，全体告假，拉其平日的熟客，到别家交易，营业便要大受影响了。

（二）上等餐馆

上等餐馆便是各大菜馆，他们所用的堂倌，碰到外帮客人往往大敲竹杠，而厨夫等辈，和堂倌通同一气，凡是外帮客人点菜，便把腐败的或隔宿的食品应客，倘使食客大加诘责，他们便大言欺人，说吾帮菜法，本是这样，而不熟情形的食客，往往给他瞒过，给他愚弄。所以在下劝读者诸君，自己是哪省人，还是到哪帮去的好。

（三）中等餐馆

中等餐馆的局面，比较上等餐馆略小，食客的品类，也比较混杂，而一切物价也比较便宜，凡是食客携带物件须要

街边食摊

留心，否则容易遗失，往往脱下长衫，挂在壁上，等到吃完要穿，却已不翼而飞，问问堂倌，也不能追究，因为菜馆中有一种匪类，衣服行动，很是体面，同在进食，临走便穿着别人的衣服而去，倘使被本人看见，他就假做错误，认差了事。否则，便据为己物，出门就可换钱使用了。还有外乡来的孤客，一人自酌，此辈便殷勤拼桌，有意亲近，问姓问名，并把自己所点的菜，请他同食。若是老于世情的人，便毅然谢绝，倘使是初出茅庐不知人心变幻，虚与周旋，等到酒兴酣时，彼托辞而去，于是一切菜账，都是一人惠钞了。但是此种骗局，都和堂倌暗通，甚至有酒醉之后，盗取身边财物的，所以中等餐馆以二三人同去宜，否则，切不可和人合桌，以免受了苦无处申呀。

（四）下等餐馆

下等餐馆就是小饭馆，此中菜品大都为劣货，座位局促，人类卑下，都是隔宿腐败的食品，加盐加酱，重烧拿出来应客，往往吃了生病，所以此等餐馆，大概是无家室的苦力，和小贩、无赖，是他们的主顾，稍有体面的人，绝不敢一涉足的。

原载《上海常识》1928 年第 44 期

南北市菜馆之变迁

海上漱石生

上海菜馆林立，大中小不下数百家，难以枚举，然在租界未辟以前，当以城内馆驿桥浜之人和馆开设最久。主人殷姓，世守其业，历百有余年之多。然房屋湫隘，纵翻造后，亦不甚宽敞，致在馆宴宾者，当觉座客寥寥，唯以烹庖甚佳，故多送出之菜，绅商遇婚丧喜庆等事，每令包办，营业故得维持不敝。三丝、三鲜、参羊、四喜肉等品，尤为著名，以彼时风尚，皆重视此等菜肴也。

邑庙东街之听月楼，房屋较整，设备较精，就馆设宴之人，恒多于人和馆，遇三节会迎会之日，各会首咸在此聚饮，以是生涯亦甚不恶。唯包办之菜，终年远不如人和馆，以致不能持久，今收歇已久矣！

小东门外之集水街，有甬人设长兴馆、钱庄业、参药业、花衣业、木业、豆米业、咸货等各商家，皆宴宾于是，营业甚为发达，乃于龙德桥北塊嘴角，另开一馆曰"南长兴"。是处地当冲要，房屋亦甚轩敞，入座玻窗四辟，客咸乐就开尊。钱业、豆米业、花衣业人尤多，以各业之商号，俱近在咫尺，便捷也。

回溯数十年来，沪南除此四大菜馆，其余实皆等诸自郐以下。今南市因商业不振，南长兴已经收歇。虽如意街尚有一大酬楼，至今仍在，第系徽馆，其局面难求开展也！然城南之菜馆，虽渐趋落寞，城中之肇嘉路（前名彩衣街）有人就故绅李晋三君旧宅，改设一大规模菜馆，曰"大富贵"，屋址宽展，厅事轩昂，足供近日假设婚丧喜庆等之礼堂，以是恒座客常满。又西仓路有人赁沈心海画师之住屋，设大吉祥菜馆，亦足以与之颉颃。而西门外中华路一带，亦市面勃兴，近有名园酒家及鸿连楼与徽馆丹凤楼等，相继开设，此后殆为华界繁盛之先声。

至于南长兴、北长兴二菜馆，当时有一事足资纪念者。南市素来无煤气灯，电气灯亦未设立，故一至黄昏以后，不能如北市之城开不夜，室中仅燃煤油灯取亮，每室高悬一盏，四角辅之以玻璃方灯，或绢制之书画灯，桌上则以铜蜡台燃红烛两支，夜宴时之设备如是。然四方灯例不燃烛，各系虚悬，苟见其燃，则室中席上，必有人征花侑觞，始有举此。盖馆有定章，客如叫局，馆中为之燃灯助兴，以副灯红酒绿之名。妓若久坐不去，或客续叫二排，则易烛以燃之，必至妓散后始熄。是为四十余年前南市特有之风趣，非老于花事者不知。或问南北长兴馆如是，听月楼、人和馆若何？则听月楼、人和馆皆在城内，彼时门禁森严，入晚至九时后即闭，客皆不能征局，故并无此举也！

法租界之菜馆，以大马路鸿运楼为最老，菜亦最为著名，红烧翅尤为脍炙人口，房屋亦甚宽大，且以鸿运题名，商业中取其口谶极佳，遇新开行号，或缮立议单及预备纠股等事，相率趋之若鹜，喜庆等设宴者亦多，迄今数十年来，蓬蓬勃勃如故。后起者为八仙桥之八仙楼，及最近所开大世界间壁之桃花宫，亦皆局面堂皇，营业蒸蒸日上。小东门外醉白园徽馆，新北门外其萃楼徽馆，亦颇有悠久之历史。

英租界菜馆最多，最初著名者，为新新楼，今已久闭。四马路开京菜馆聚丰园，规模最为宏大，肴馔亦精，嗣以是处翻建房屋，不得已乃致歇业。正丰街有风来仪（今为上海楼旅馆），亦尝一度名噪于时。五马路复兴园，创业亦已甚久，前后厅地址宽展，宜乎其设宴者多。平望街馥兴园，为前湖州丝商陈辂青君旧宅，改设犹未及多年也。二马路今之泰和园，前为燕庆园，旋改太和园，今始名泰和，屡易其主。然近岁力争上游，基础颇臻稳固。大新街雅叙园，主人薛氏，为天津籍，初仅一小食馆，以售锅贴、饺子、炸酱面等著名，后始改为菜馆，烹调甚佳，营业饶有起色，会因翻造房屋歇业，人咸惜之。同兴楼致美楼（前名致美斋）亦京菜馆之佼佼者，今皆在四马路。

粤菜馆以杏花楼为首创，然其始为消夜馆（彼中人谓之"宵夜"），客食一汤一炒，当时只需小洋二角，可谓廉之又廉，以是人争趋之，为之利市三倍。竹生居、奇珍等亦崛起，杏花楼乃改为大规模之菜馆，今首屈一指矣！虹口之味雅等，亦资本雄厚之粤菜馆，以三蛇菜、龙虎门、烧山瑞等菜著名，惜日寇扰乱后，大受打击，骤难复原。冠生园、梅园酒家等，菜美价廉，人咸啧啧称道。冠生园更支店甚多，足为粤菜馆别树一帜。

川菜馆始于小花园之都益处，今迁爱多亚路，消闲别墅、陶乐春等，菜亦甚佳，美丽则以不善经营，致遭亏闭矣。镇江菜馆，始于二马路之大雅楼，肴肉、干丝及面点一切，颇有京江风味。杭州菜馆始于知味观，醋鱼炮蛋，不亚西子湖边。而爱多亚路之杭州菜馆，地址宽展，座位舒畅，故宴宾者尤纷至沓来，座客常满。云南菜馆，曾一度开设，即在今杭州菜馆原址。然以口味不甚合时，未几即闭。徽菜馆市上最多，四马路之聚宾园及聚乐园，当推杰出。

南京菜馆之最著者，首推宝善街春申楼，兼售面点、春卷及两面黄之炒面极佳，后迁于南京路，则生涯反不如前，旋附入大世界，今拆出已久，主人无志经营矣。同时四马路有新申楼，则仅售面点小吃，不是谓菜馆也。唯宝善街之顺源楼，主人亦南京人，专办教门全席，亦售零拆碗菜，油鸡、板鸭、牛肉丝、鱼肚汤等最佳。又大新街春华楼，亦教门菜馆，闻能烹全羊菜。石路之金陵春，曩为教门菜馆之最巨者，是南京菜馆，亦颇有其价值也！

闽菜馆，以二马路小有天为巨擘。湖州菜无巨大馆址，每值冬令，有湖州火锅，堪以一试，锅中多鱼圆鱼脍，味鲜而松爽特异，唯其气略腥耳。湖州菜、常熟菜、无锡菜，饭馆有之。余谓勿以馆址湫隘，望而裹足。

试观俗呼"饭店弄堂"内之正兴馆，亦系饭店，恒有乘汽车包车而往者，盖志在烹鲜，不当以地限也。鸡肉锅烧、牛肉锅烧等，为日本食品。其店皆在虹口，为日本人所开，曰"料理馆"，伺应者每多年轻下女。当倭奴未经开衅以前，华人往者甚多。今稍有血气者，皆当过门不入矣。

西菜馆，一呼"番菜馆"，亦曰"大餐馆"，始于四马路之一品香，其房屋今已三迁，乃在西藏路。初时餐价极廉，每肴仅小洋一角。如值龙虾、青蟹等缺货，始或略增，亦不过角半、二角至三角为最多。唯鲥鱼初上市时，则售至四五角，食后赠客咖啡茶一杯，雪茄烟一支，例不取资。继起者为一家春、江南春、海天春、金谷香、大观楼、一枝香等，亦皆在四马路，唯金谷春则在大新街迎春坊口。名虽西菜，有英、法、德、俄等之别，实则业此者皆华人，司庖之大司务亦然，仅烹饪时参以西法，食时各用刀叉耳。逮后以嗜此者众，粤人所开之各消夜馆，亦每兼售西菜，适当西菜价渐增昂，彼乃廉价以招徕之，于是西菜馆暗受打击，江南春等先后停业。近唯一品香、一枝香、一家春、大观楼及新开之静安寺路雪园等，资本雄厚，营业开展。一品香且兼设旅馆，尤立于不败之地。若夫西人经营此业，始于南京路二十七号之宝德，厥后虹口一带继之。唯旦晚二餐，食必以时，非其时谢绝座客，故华人往者究鲜。至法租界之密采里饭店，英租界之利查饭店等，则皆为西人会食之所，华人殊少涉足也。

一家春番菜

素菜饭，上海初无业此之家，只城隍庙西首陆露轩，能备素席，其实乃一面馆，不足侪于菜馆之列，虽四时鲜蔬毕备，然倘欲立办数席，非咄嗟所能具，必隔宿预定而后可。以是茹素之人，昔时倘欲宴宾，皆群趋西南城之一粟庵，或北城内福田庵，以斯二处之僧寮，其香积厨皆善治隶斋，最为适口也。今一粟庵已废，改为教育局，福田庵亦仅存遗址。而伍老博士廷芳，在北市之三马路发起一素菜馆，曰"禅悦斋"，专供茹素人宴会之需。自是而菜羹香继之。又有功德林、觉林等，先后开设，皆为盛大之素菜馆。于是即并非平日茹素之人，亦有挈伴呼朋，一尝蔬笋滋味者，而以夏秋时为尤多。当雷斋素、观音素封斋之前，更觉座无虚席。其正席菜之定价，自十元以迄十数元不等，与荤席不相上下，贵在口麻、冬菇等品，及最时新之边笋、冬笋、竹笋与夫蚕豆、枸杞头、豆苗等之甫经上市者，亦其价甚昂也。今大世界之二层楼，亦有一素菜馆。豫园内凝晖阁茶肆旧址，改开素菜馆曰"松月楼"，且有乐意楼、素香楼等，生涯亦俱不恶。乃知上海嗜素之人，固亦不在少数也！

原载《金钢钻》1932 年 11 月 22 日

南北市茶寮之变迁

海上漱石生

上海昔日茶寮，视为唯一消遣之所，故皆在城内邑庙之豫园、湖心亭、桂花厅、凝晖阁、绿波廊、玉泉轩、老四美轩、新四美轩、群玉楼、董事厅、钱粮厅、船舫厅、鹤亭、鹤汀等，每日座客常满，遇新岁及四时佳节，尤似蜂屯蚁聚。园外唯旧教场之玉液清一家，茶客恒寥寥可数，以人皆趋而至园也。今玉液清已久闭。绿波廊屋已翻建，易名乐圃阆，仅存楼面三槛。玉泉轩则自原屋翻造三层楼，易名春风得意楼后，茶客较前益盛。四美轩、凝晖阁等之各房屋，半已改建市廛。仅老四美尚存，其半辟作书场。而帽子厅原址新建一春风乐意楼，售茶兼售素菜。董事厅原址，则新开一里园茶社，亦有书场。桂花厅曾毁于火，重建后改为菜馆。唯湖心亭兀然如昔，且九曲桥修建之后，风景较佳于楼前。

其余城内之各茶寮，素著者为彩衣街之畅叙、太平街之一诚楼、虹桥之一叶青、县前街之三阳楼。三阳楼为县中胥役腐聚之处，在县涉讼之事主等，每亦间一存临。自光复后，县署迁移至蓬莱路，此茶肆遂门可罗雀，旋即闭歇。

西门外万生桥昔有二茶楼：一曰留芳阁，一曰万年楼，遥遥对峙。谑者谓"留"与"流"同音，"流芳百世""遗臭万年"，不图于此二楼见之，当时命名者何未之或思，以致贻此话柄，今已皆不复存在矣！

南市之各茶寮，昔推新码头里街留憩阁，瀹茗者多商人，大马头肇源楼、洪升码头顺风楼，皆为船帮中人。今则以沿浦滨之指南白玉楼等，为茶客最多矣！法租界万云桥北堍（即陆家石桥）昔有一湘园，装修最为富丽，后改茗园，茗客多上流人。沿浦滩亦有巨茶肆，则在轮船上服务之茶客居多。

大马路各茶肆，其规模宏敞者，在大自鸣钟捕房附近。新北门外有丹桂楼及月华楼，昔时亦局面堂皇。英租界茶馆最多，杰出者昔推洋泾派之丽水台，后易名真谷春。是处当时接近花界，粉白黛绿者，望衡而对宇，以致茗客至此，恒流连不遽去。三茅阁堍之占春园，后改载春园。双棋盘街之

清末三茅阁桥堍的占春园茶馆

爱吾庐、风生一笑楼,宝善街之松风阁等,亦皆为昔日极盛之茶寮。松风阁多唱喁情侣。而六马路有朝阳楼,以地势稍僻,社会男女间遇不惬意事,每假座开谈判于此,致当日有"松风阁轧妍头""朝阳楼拆妍头"之谚。若在今日,则轧妍拆妍,公然无忌,无须以茶寮作秘密窟。可知风气之日趋淫荡,今更远不如昔也!

棋盘街五马路嘴角,光绪初有粤人设一广东茶肆曰"同芳居",其时可谓异军特起。肆中之下层楼,售粤东糖果糕饼,茶座内亦有之,故当时桌上皆陈列一金漆果盘,任客选食,每件仅收洋一二分,并有蛋糕及叉烧或豆沙包子等之点心,味殊可口,茶则以乌龙为最佳。未几而对面之角嘴上,又有人开一怡珍居。自此广东茶肆,风气大开,渐见福州路、南京路及虹口等处先后开设。今同芳、怡珍虽闭,此种茶肆,固仍方兴未艾也。

福州路青莲阁、第一楼、华众会、四海升平楼,皆茶楼中之佼佼者。青莲阁最初时下层卖酒,故以青莲名。华众会生面别开,曾一度于楼中陈列鱼鸟、大蛇、蝴蝶等标本,装置玻璃栅及浸于玻璃瓶内,任客观玩,以广招徕。青莲阁、第一楼则渐为雉妓翔集之所。第一楼后毁于火,改建为五层楼,生涯反不如昔。今则各茶楼因翻造房屋,皆已先后收闭,唯青莲阁移至大新街,得以依然存在。各雉妓且仍腐集其间,一如往日。福州路则仅后开之长乐,岿然如鲁殿灵光矣!

福州路上著名的五层茶楼

福州路天蟾茶楼、中华春食品店

　　至于茶寮之清雅者，昔有二马路文明雅集，即今洗清池浴室旧址，为名画家山阴人俞达夫君所开。窗明几净，绝无纤尘，室中书画高古、陈设清幽。且时有奇花异卉，供列案头，足以恣人玩赏。在沪北热闹场中，诚难得有此清凉世界。故文人雅士，咸乐趋之。有萍社诸同文，恒每月钩心斗角，各制谜语若干条，入晚悬以待射，获中者酬以谜彩，兴复不浅。亦有约伴下棋，或撇笛品曲于其间者。而茶则不用碗而用壶，茶肆之有茶壶，实造端于此。后惜以屋租期满，房主收归翻建，无地可以迁设，俞君乃废然而止。迄今回首前尘，犹令人眷眷于心目间也！

若夫南京路一带茶寮，昔以一洞天、一壶春为最著。近则以仝羽春房屋最宽，茶客亦较为整齐。而浙江路之萝春阁，早茶亦多上等佳客。他若虹口之各茶肆，大者半属粤式。

清末南京路上的茶馆

清末南京路上易安茶楼

　　闸北则自去岁"一·二八"日寇扰衅之后，市面一时难以复原，百业大为减色，遑论茶寮，言之殊可慨也！

　　　　　　　　　　　　原载《金钢钻》1932 年 11 月 29 日

饮冰室巡礼

张若谷

冰淇淋这三个字，就是大英语 Ice Cream 的译音。冰淇淋的原文译义，是"冰奶酪"。聪明的广东人，替它取了这样一个很花妙的名词，不知道也会被收到《辞源》续篇中去？在广州，据说除了冰淇淋外，还有许多形形色色不统一的名词，像什么"冰结涟"吓，"冰结凝"吓，"冰麒麟"吓。也有缩笔写做"冰其林"的……这样热的天气，恕我没有功夫去做考据工作了。

出卖冰淇淋的地方，最好的名词，要算大文豪梁启超的"饮冰室"。"饮冰室"原是梁氏的书斋题名，他的《饮冰室文集》和"饮冰室主"这两个名词是这般广东人所视为最风雅的而且值得夸耀的名词。

在上海，究竟有多少的饮冰处？我虽没有做过精密的统计，但是饮冰室的主人，广东人，一定是占据大多数的吧。

现在趁这几天冰淇淋大倾销的当儿，让我来随便谈谈上海几家特色的饮冰室吧。

上海资格最老的第一家饮冰室，恐怕谁都知道是沙利文吧。总店在南京路，静安寺路和霞飞路也都有了支店。他们出卖的冰淇淋，种类最多，巧立名目，开一张单子。价钱从半元到一元左右，名目虽多，但是味道仍旧一样，不外乎"冷"和"甜"。

有一种名词最香艳的冰淇淋，叫做"花旗大姐姐"，冰淇淋上，放了一个猩红的小樱桃，是女人樱桃小口的象征，两条鸡蛋饼干，或许当是女人的腿膀，几块酸溜溜的菠萝蜜，是不知道象征女人的什么东西？

在外白渡桥百老汇[1]路口，有一家普济药房，他们的"苏打冰淇淋"掺入了种种果子露，其味之佳，的确在上海可以推为第一家。普济药房的果子露，味道浓厚，刺激非常，去年的价值，是一元钱三客。据说他们是药房，并不在乎靠卖冰淇淋的收入。他们只应酬惠顾果子露的主客，当做一种尝试样子而已，所以饮冰室就设在玻璃柜旁，二只小圆台，四只小圆凳，此外没有什么东西了，他们每天下午六时后，便要"打烊"，而且礼拜天是"封闭"不做生意的。

在霞飞路尚贤坊附近有一家高丽人开的金文饮冰室，价廉物美，还有一家宝德公司，据吃过的人说，也是价廉物美。但我只吃过朝鲜冰淇淋，的确名不虚传。

上海有不少贵族式的饮冰室，圣母院路霞飞路口的马赛饮冰室，布置富丽，像是宫殿一样。他们的三色冰淇淋，三种味道，价钱也不怎样贵。至于隔壁"复兴馆"的屋顶露天饮冰室，地方很凉快，可是冰淇淋的味道，却并不见得高明。

西摩路[2]和百老汇路的 Federal，有一种"桃子冰淇淋"，味道也不错，代价却很可观。

在神秘之街的北四川路，饮冰室林立，尽你是个怎样贪杯的人，也是数不清楚他们的牌号。在去年，在奥迪安大戏院对面，有一家小小饮冰室，价钱比众公道，冰淇淋也做得很卫生，味道也不能话伊坏。那里有一个美丽的老班姑娘，常在室中殷勤招待客人，所以生涯非常兴隆。"一·二八"之后，我久没有到北四川路去了，不知这家小小饮冰室今年还在继续营业吗？

原载《战争·饮食·男女》，张若谷著

1933年3月上海良友图书印刷公司刊行

---

1. 编者注：百老汇路即今大名路。
2. 编者注：西摩路即今陕西北路。

上海酒店巡礼

张若谷

> 嘴在泥里，脚在肚里，
>
> 若要问他年纪，看他肚皮。

这是一个由我父亲口传下来的谜语，谜底是什么东西？倒要烦劳诸位读者们，绞一绞脑筋，猜一猜，若然猜不着，请看下文，便知分晓。

我从小便跟着我的已经故世了三年多的父亲，早上到城隍庙九曲桥湖心亭吃茶，黄昏到庙前街小酒店里去喝酒，这是我父亲在生时的两种仅有的嗜好，所以所有城内庙前街（现改名为方浜路了）的酒店掌柜和酒保小主，他们都认识我，我也都认识他们。

我最初到的酒店，是开设在听雨楼旁边的叶森泰酒店，那一家酒店规模虽不大，营业也不发达，但是店里所藏的酒，的确都是"远年"花雕。老板自己掌柜酒店，招待，煮菜，叶老板亲手炒的宁波炒面，别饶一种风味，他曾在旧校场另外开了一爿叶森盛号，可惜开张不久，后来不知怎的，两爿酒店都闭门大吉了。

在城里庙前街上，现有王三和、福露桢、泰和信三家绍酒店，而最出名的，要算到王三和了。住在城隍庙附近的人，逢到有人贪杯的时候常说："留心吓，不要吃得王三和成！"来劝阻，王三和居然变成了一句俗话，可见他的资格老了。

以上四家酒店，我跟父亲都去过，父亲的酒量虽不大，但是每晚必到酒店去，不避风霜雨雪。他老人家从不"登楼"去坐"雅座"，却是喜欢坐柜台里面，坐在"太白遗风"和"刘李停车"的长招牌下，面前放了一盆发芽豆或者花生米，一只酒筒和一只高底的蓝花碗，一壁和"堂倌"闲讲，一壁举盏慢慢儿一口一口地呷下去。

每晚只喝"本色"二碗（酒店的老买主，都有一个小折子，上面记的账目，都用碗数计算，不用斤数算的），到了节上结账时，可以再打一个折扣，付钱时酒店里附送一瓶"五茄皮"或者"虎骨木瓜药酒"，平时的酒菜，也可以一同记在折子上。这些都是一般和酒店开来往户头的人所习知的事情，也不用我来细讲了。

从去年起，我因酒友火雪明的介绍，逢到有兴致的时候，常常到旧校场的源茂泰去，这一家酒店里有一个麻脸酒保，做人还有些兴趣，他是常常陪同客人们豁拳助兴，他的拳头很有路数，败的时候少，因此酒的销场，自然也多起来了。

在南市第一家资格最老的酒店，是董家渡的王恒裕，历史总在五十年以上，住在南市（即在租界的）一般有杯中嗜好的人，真可以谁个不知，哪个不晓董家渡有爿王恒裕酒店。这一家的酒品，在上海也可算到第一家，从前只卖酒，不卖菜，而且有一个特例，便是不收小账，若使饮客高兴出付小账，他们必定很客气地辞谢不受，据说，这是一种中国老酒店的陈例。

在法租界公馆马路有两家老酒店，章东明与章同茂，历史也都在四五十年以上。永安街的醴香阁，酒菜的食谱，都用戏名，里面有一个堂倌叫做王大的，跑堂跑了二十多年，他有两个儿子，现在都做洋行先生了。

公共租界上的老酒店多得很，善宝泰与同宝泰是兄弟酒店，同宝泰有一个圆脸方耳的酒保，名字叫做弥陀。据他自己说，在那里服务已有三十四年了，他说同宝泰的第一个老板，是开设某药房的，他每天晚上必到四马路一家酒店去打尖。有一天（时在光绪十五年光景），他纠了几个酒友，在吃柜台酒的时候，忽然发现酒的味道有些走样，就向酒保交涉，那个酒保答道："再要喝好酒，除非自己开酒店。"于是，同宝泰酒店，就在一个礼拜后"开张大吉"了。

同宝泰究竟开了有多少年份，我虽不能详细知道，但是有一个酒仙，他在那里已经喝了二十多年的酒了，酒店里的跑堂，都把他当作一个最有交情的老买主看待，常把三十年以上的陈年花雕给他喝。这位酒仙，大家都尊称他作金老板，凡是和金老板同桌喝酒的人，不但常可以喝到最上等的陈酒，而且可以不论吃多少盆的发芽豆，只算一盆的价钱。这种吃法，是酒店对于老买主的一种特殊优待，其名叫做"飞盆子"。

听说，同宝泰一年的酒生意，可以做到一万元左右，据弥陀说，"他们的店里，去年一共卖了二千四百石米。"我听了觉得真奇怪，酒店里怎样卖起米来呢，他替我解释道："酒的原料都是用米，每石米可以酿酒四坛。一坛'行水'，有四十斤重，'双加重'有五十斤，至于酒的年数，在酒坛上都有标记……"

一时兴致所至，东扯西拉，居然写成了这样一篇不成样的酒经文章，现在自己看看可以结束了。可是，读者中或者还有人要问我："开首那个谜语打的是什么东西？"我可以装作喝醉的样子，假痴假呆地不做答复，因为你们都是聪明人，早会一猜便知的，何必我再来饶舌呢？

原载《战争·饮食·男女》，张若谷著
1933 年 3 月上海良友图书印刷公司刊行

吃在上海

钱一燕

上海五方杂处，华洋咸集，所以人生四大要素中第二项的"吃"，在这里也集其大成，可称洋洋乎大观，我来把它分析而选辑起来，就写成了这篇包罗万象的《吃在上海》。

"吃"的分类，把商店来做本位，似乎有头绪些，否则，一部廿四史，从何说起？

这里姑且分作"菜馆""酒家""点心店""茶楼""糖食肆""咖啡馆""水果铺""南北货商""药材店""小吃摊担"十类，尽我所知道的，分别详简叙述。记者旅沪十年，老上海当然不敢称，可是对于吃的一道，自信倒还不算门外汉，这篇就算是经验之谈吧。

还有一点附带声明，这篇之作，全凭经验的记忆，绝对不曾参考什么书籍记载，倘使有不知道的地方，宁缺以待高明补充，不肯强不知以为知，信口开河，这点既经声明，那末篇中的或详或简，当然可以获得相当的原谅了。

菜馆

上海的菜馆，大概有"广帮""平津帮""徽帮""闽帮""镇扬帮""杭州帮""苏帮""四川帮""本帮"等几种，从前在上海昙花一现的河南帮飞霞菜馆，因为营业不得其法关了门，后遂无继起者，此刻最出风头的，要推"广帮"了。

广东馆子，在上海的历史，原也不算浅近了，可是出人头地，大为时尚，还在近五六年里才走了红运。在五六年前，徽馆正风靡一时，以馄饨鸭号召了两三年，但在当时我们就明白这情形是不足持久的，馄饨鸭虽然美味，然而要靠它来做生命线，究竟太单调而力量太薄弱了，因为上海人喜欢一窝蜂，所以能够盛行一时。果然不久，其盛况便给广东馆子取而代之了。

广东菜馆的优点，就是菜味丰腴，花式新颖，如太牢食品之类，尤觉气派，宏盛之至，菜馆布置设备，多考究华美，富丽堂皇，为了菜肴的气魄雄伟大方，布置的设备精丽雅洁，在上海菜馆中，自然可以独擅胜场咧。能执广帮菜馆牛耳的，当推冠生园、杏花楼、大三元等几家。

平津帮就是俗称京馆的，菜味以精腴兼长，丰盛也是他的特色，侍役的规矩整肃，可以见到旧京官僚气息遗留。悦宾楼、致美斋（现称致美楼）等，是此帮的佼佼者。

徽馆上海极多，大中楼发明馄饨鸭仿佛是这一帮里的革命军，各家仿之，至今还有一部分势力，徽馆中的锅面，比别帮为出色，而且实惠。

福建馆子，小有天人人皆知。福建菜浓淡都极腴美，而花式之别致，只有广东菜可以和他争斗，有几种，简直我们吃了还不晓得它是什么做的，不瞧菜单真唤不出名儿。

镇扬帮的菜馆,自当推老半斋、新半斋首屈一指了,肴肉、干丝的风味,真够得上一个隽字。

杭州馆子,最近才在沪上露脸,杭州饭庄、知味观两家,都能推陈出新,醋溜鱼、家乡肉,提起便垂涎三尺。

四川馆里的菜,以爽辣见长,不吃辣的朋友,当非所喜,豆腐一味,乃其名制,都益处可称为上海川馆中的巨擘了。

苏帮各馆,以甜美细腻著称,在上海的潜势力着实可惊。

上海本帮菜馆,不用说,本地人自然欢迎它,菜味浓厚,实惠,价格也便宜,鸿运楼是本帮中的第一块牌子,商界开张以及逢年过节,都惠顾他的多,生涯极好。

已经关门的河南帮飞霞菜馆,时运不佳,关了门,真可惜。他们的菜肴,不浓不淡,别有风味,侍役多中州人,气派和京馆一般无二,我们在上海菜馆史上,这是值得回念的一件事。

酒家

所谓酒家,并不是那时下担着酒家招牌新式菜馆,这里说的是真正卖酒的酒家,如高长兴、言茂源、豫丰泰、王宝和等便是。

我们知道酒的销路,当然推绍酒最好最普遍了,绍酒的味儿,醇原和平,是酒中王道之师,不比烧酒的猛烈霸道,所以它会成为社会上最受人欢迎的一种酒。为了这层理由,上海的酒家,浙江绍兴帮便成了此中祭酒。

酒家大都冷热酒兼备，著名的老牌子酒家，把酒做主体，只考究酒的好坏，酒菜是副业，虽然规模大些的，冷菜都备，但老酒客并不重视这种菜，倒是摆设在酒店门前的熏腊摊，酱鸭、熏猪脑、红烧猪舌、龙虾、飞飞跳、大转湾、酱牛肉、辣白菜，这一类下酒物，生涯鼎盛，越是大酒店，这门前的摊子越是花色繁多，为真正老酒客所欢迎。

中国人上酒店，等于外国人的上咖啡馆、酒排间，所以上海的小酒店特别发达，差不多平均每一条马路上，至少有一家酒店，多至十余家不等。四马路是上等酒家的荟萃之区，我们在华灯照耀之时，常常可以瞧得许多面孔红通通的面熟朋友。

点心店

一日三餐以外，点心似乎也占据十分重要的地位，在餐时未到的当儿，肚子有些饿了，这时候，便需要吃一些点心来点点饥，于是乎点心店也就适应需要而产生。

上海的点心店里所有的点心，大概是汤面、汤团、馄饨、汤糕、炒面、炒糕、水饺、小笼馒头、锅贴、八宝饭、冰糖山芋、猪油糕、烧卖、各色过桥面之类，沈大成、五芳斋、北万馨、徐大房等几家，乃此中巨擘。不过这类旧式点心店，座位多不知讲究，营业越好，招待的方式愈觉令人难受，不敢领教，我们跑进去，除掉抱定一个"吃"的宗旨外，其余的事，一件也没有好感的印象。真的，这种旧式点心店，太墨守旧法，不知改良了。最近沈大成的赠奖券，大约也算是他们中的改良事件了，我想。

近几年，新式点心店应运而生（应运，应时代的命运也），福禄寿、精美这几家，以座位静洁为人称道，不过有些点心，价格较昂，但东西确实不差，福禄寿的汤团、千层糕，精美的面，我都每吃不忘。

粤馆中也设有晨点，早晨到冠生园饮食部或大三元、新雅、侨香等去吃早茶，一小碟一小碟的广式点心，别致而实惠，花费无多，可以吃不少种点心。他们每小碟不过一两件点心，代价之多一角左右，是胜过其他点心店的一种长处。

茶楼

喜欢喝茶，也是我国人的特性，茶楼，在各处城市乡镇，都很平均的发达，上海是有名的大都市，自然茶楼要特别的多了，大约，比酒店还要多出三分之一以上来。

邑庙[1]豫园里的湖心亭、得意楼，南京路上的一乐天、仝羽春，天天座上客满，已关掉的五龙日升楼，居然成了有名的地名，永远占据了上海历史上的重要一页。这类旧式茶楼，中下阶级顾客为多，我们跑进去，会感到乌烟瘴气。一切设备，都比较完善得多，人坐在里面啜茗读报，环境既好，

1.编者注：邑庙即今上海城隍庙。

精神自较舒适，而且有点心可以任意叫来吃，何等便利，所以上流的顾客，自然而然的趋之如鹜了。

糖食肆

说起糖食，好像不过是消闲小品罢，不吃似乎没有什么要紧，可是人的脾气，最是闲不得，"饱暖思淫欲"，糖食，好像便是给人们泄闲愁的东西，吃惯了的人，一天没有吃，简直会"嘴里淡出鸟来"，此糖食肆之所由兴也！

外国人嘴里，时常嚼着留兰香糖、巧格力、太妃糖，中国人则蜜饯、山楂糕、寸金糖、玫瑰水炒瓜子、冰松糖、粽子糖、椒盐胡桃、蜜糕、肉脯等物，为消闲妙品。苏州地方对此最考究，上海人凡是消费的玩意儿，从来不敢后人，何

冠生园奶油太妃糖广告

况这原是"国粹消费",当然不肯让苏州人专美,于是糖食肆乃满布各马路。

南京路日升楼一带,从浙江路上,弯到石路[1]过去抛球场为止,这一段是糖食肆的总汇集地,也是最考究的糖食肆的所在地,老大房、天禄、申成昌、老大昌,以及新从苏州分来的悦采坊,各店有的还有支号,真是十步一店,随处有吃,大马路跑跑,买些回去嚼嚼,写意哉,上海人也!

摩登朋友,自然要学外国人的吃糖食。上海的西式糖果肆,也着实不少,中国人开设的,要算"冠生园"最最规模宏大了,支店遍华租界,西式糖果糕点,无美勿备,从低廉的到高贵绝伦的糖食,一应俱全,主人冼冠生君,要可称此业巨擘。参观本刊各期的冼君著作,可以知其详情。

咖啡馆

这一项所在,的的确确是地道来路风尚了,除掉都市社会里,内地是没有见到的,由此可知是一种摩登的吃的享乐去处。

在上海,不客气地说,醉生梦死的人们特别多,他们需要不规则的耳目口舌之娱,咖啡馆,就是可以供给他们这种需要的。

1.编者注:石路即今福建中路。

喝咖啡吃西餐请上楼

咖啡馆里，真的跑进去规规矩矩地吃一杯咖啡的，这简直要给一般人笑你是乡原曲辫子了。你要明白，跑到咖啡馆去的目的，并不是去喝什么咖啡的，干脆些讲，乃是去吃女人嘴唇上的胭脂！这话你明白了吗？

这里有妖冶的女人，红的嘴唇，白的粉靥，轻佻的娇笑，肉感的引诱，这里是目眙不禁，握手无罚，甚至搂抱、接吻，揿“电铃”（“电铃”亦称“沙利文面包”）……一切胡闹的动作，都可以在座位的绒幕布里尽闹。可是，有一点应当注意，你要自问是不是熟客，够得上这个资格？或者口袋里大拉斯充足，也可以“一朝生，立刻熟”，否则你冒昧地轻举妄动，轻则博得女人们的白眼，重则或者要吃眼前亏。

话也要说回来，这其中，原也有比较上规则整齐，有礼貌些的几家，不过生涯还是可以胡闹的几家好。

上海咖啡馆的繁盛区域，一在英租界北四川路一带，一在法租界霞飞路一带。北四川路的大都是国人经营，霞飞路的却多属外人开设，顾客的中西区别，也可以拿这做标准。此外别处零零落落的也有几家，总也不及这两处的精致设备罢了。

当那红绿线条的霓虹灯光笼罩着的门口，里面有的还透出些音乐声响，在傍晚、夜半，你瞧见有醉醺醺的人直冲到人行道上来，或者面上满呈着疲乏的笑意，这些人，他们是从咖啡馆里放任地意兴阑珊出来了。

水果铺

水果富营养质，且含酸性，能助胃消化，西人在餐后多喜欢吃一些，适口润肠，确是卫生之道。

唇吻干燥，出行口渴，这时候就益发想念到水果了，何况吃水果和吃糖食一样还具有消闲的作用，自然为人们所欢迎。

上海地方，并不出产水果，都是从各产地运输来的，如天台山蜜橘、新会橙、金山苹果、福建橘子、花旗橘子、汕头柚子、暹罗文旦、广东甘蔗、芝麻香蕉、檀香橄榄、奉化玉露水蜜桃、天津雅梨、北平白梨、山东莱阳梨，以及柠檬、菠萝、荸荠等等，都大宗地销到上海来，适应都市里一般人的需要。

水果行的总汇，在南市十六铺、苏州河外白渡桥等处。从大的行里，散销到各马路开设的水果铺来，供给人家零购。南京路上几家水果铺，营业兴盛，没有宿货，价格比小店铺反而便宜，送礼，可以装纸盒，尤其便利。

你如果一打听上海水果的销路，可以使你舌咂不下。再，上海的水果铺，栗子季里，都带卖糖炒熟的良乡栗子，这是水果铺的专利。

南北货商

因为上海是国内最大的贸易口岸，事实上百货都荟萃到这里来，集其大成，南北货在上海的销路，不用说，是"大宗"了。

上海的南北货商店，规模大的，简直在内地是找不到的，他们凡是一应装进肚子里去的各种南货北果，无不应有尽有，从最便宜的碱砂糖、白糖、花生等物起，以至最名贵的燕窝、白木耳、蛤士蟆、南腿等等，都有都有——规模小些的，当然这些价值昂贵的物事不会备，此外如近几十年中发明的调味粉、酱油精、果子露、肉脯之类，古老时代南北货店所没有的东西，此刻都有了，甚至白兰地、葡萄酒，以及糖食肆中所有的细点，上海的大南北货店里，全都会包罗万象的有卖。

规模最宏大的几家南北货商店牛耳，当推南京路上的天

南京路上的邵万生南货店

福、邵万生、三阳等几家，三阳和邵万生，历史悠久，资望在同业中也算得老前辈了。

广帮的南北货店，称为京果店，他们有些杂食货店性质，而以广东干食物为主要货品，南京路上的易安居、北四川路上新开的其发等，都要算此中巨擘手了。范围小的广东京果店，在虹口一带，触目皆是，这是因为上海的广东人太多的缘故，而虹口又是粤人的聚居区域。

先施、永安、新新，三家大公司的南货部，实在兼有江南的南北货和广东京果店的性质，各物搜罗宏富，色色俱全，尤以先施的为最大，他们的南货部，迤逦日升楼上一长条的一面，在别处南北货店中买不到的吃局，他们也许不会教你跑空趟。

上海的南北货，价较内地为廉，而物较内地为美，这是贸易口岸各物先经过这里的缘故。

药材店

笑话，吃药都是上海好，要推全国第一了。一，药物齐全；二，药材质料可靠；三，撮药便利，且有代煎的创举。

这里先说国药店。上海的国药店，现在要算徐重道为规模第一，他们的支店有十一处之多，而每个支店，不是因陋就简的设备，都是和总店一般规模宏大的。

蔡同德、胡庆余、冯存仁，都是上海药材店中巨擘，首屈一指者，资望亦深远。

买人参洋参之类，以蔡同德间壁的同懋为最可靠，价格也十分公道。四川商店的白木耳，考究而靠得住，燕窝亦好。

民国路[1]新北门的雷允上，是苏州分设上海的一爿大药材店，他们以"秘制六神丸"驰名全世界，日人欲以十万金易其方而不售，至今他们合药还只是每传一代只有一个人晓得，要闭户合制，不许旁人瞧着。外面劣品仿冒甚多，最近在上海已破获一起。雷允上的发达致富，全是靠此一味"六神丸"的专利。难怪他们不肯将秘法出售，要做子孙终生的衣食之源了。

待客煎药，是徐重道首创，徐重道富革新思想，此即其

---

1. 编者注：民国路即今人民路。

一端。每帖药煎费一角，用热水瓶盛装送到病家，这在孤身客最多的上海，真是十分方便的一件事。现在大些的药材店，都已仿行了。

像徐重道等的大药材店，都有干的熟药出售，如丸散之类，装潢可与西药媲美。又撮药每帖均附有滤药器一个，这都是国药业科学管理的进步的表现。

虹口一带，广东药店很多，他们的熟药，如营业重要之一种，有许多药，在广东药店中是撮不到的。

再说西药业罢，不必说，这又是上海为全国冠了，并且，上海的西药大药房，几乎每个人家都有自己专利发明的出品的。九福制药厂的"百龄机""补力多"、中西大药房的"胃鎗"、五洲大药房的"人造自来血"，这些，都是全国风行的国制西药。至于舶来西药，当然是西药房的主要药材，不用说凡是西药房，哪有不卖舶来西药之理。不过据近年来的西药业状况调查，据说舶来西药的有国制西药可代替者，日见其多，舶来西药的销路，比前几年只有跌下去，这倒是提倡国货声中的好消息。

上海的西药房实在太多了，而专恃花柳病药生涯立足的小药房，尤指胜屈，随处可见，足见上海淫风之甚，遂有此畸形的状况，但，不要忘记，上海是都市，这种现状，是世界各大都市所共有的吧。

小吃摊担

有几种根本原因，使得上海的小吃摊担，所以这样发达。因为上海的居民，冠越全国，总数达三百余万，这三百余万的居民，大部分布住满了全上海的弄堂住宅，这弄堂中是小吃摊担营业最适宜最合需要的所在，不论大人孩子们，谁都在三餐之外，需要吃些吃嚼，或是消闲，或者点心，此其一。

上海卖五香豆的小贩，陈传霖摄影，刊载于《文华》1933年第38期

上海来谋生的人，既然有满溢之患，那些贫民贩夫，岂有不谋一个容易谋生而有持久性的职业干，挑着担，摆个摊，卖些小吃或点心之类，这是最好的一条出路，而靠得住有生意，有一个卖油炸虾饼的人，他每天担子出来，不到二小时，即空了担回去，据他讲，每天可平均净赚一元左右，你去想吧，况且本钱多少，小大由之，轻而易举，于是小吃摊担，在上

上海街头爆米花

海日见其多，此其二。

上海有几种特殊的所在，为内地所无，如交易所附近、洋行附近、海关附近，那些报关行中人员、洋行跑街，以及交易所客人，天天在外面跑的流动职业，有时三餐都不得定时，于是附近摆设的点心小吃摊担，莫不利市三倍，这不是一时的情形，终年如此，所以专靠交易所、洋行、报关行等为生的小吃摊担，在上海是不知有几千百人，恐尚不止，这是上海的特殊情状，此其三。

摊担的小吃，除不卫生的不要去说他外，至于像早晨和午夜的馄饨担、汤圆担、广东包子、牛肉面、广东干点心等，的确价廉而实惠，别有风味。"虽小道，必有可观者焉"，小吃摊担在上海吃的部分上，倒也占据重要的地位，不可忽视。

原载《食品界》1934年第8期

上海的吃

使者

"吃、着、嫖、赌",是人生四大嗜好。吃,实惠;着,体面;我们应该提倡。嫖赌二道,是人生的害虫——倾家荡产,伤身害命——都在这二点上送终,我们虽不是伪君子,可也不敢大唱高调。老实地来谈谈"吃"罢。

"吃"是人人懂得,个个能的。刚刚落地的婴孩,他也知道吃乳,可是此中耶苏大有道理。要是你不得其门而入,做冤大头还在其次,一个不小心,说不定就要伏维上飨,那可太犯不着了,其应着"王美玉"打话,"贪嘴勿留格条穷性命"。

上海五方什处,中西合璧,稀奇古怪的食品都有,真是"有美皆备,无丽不臻",可称谓全世界吃的大本营。据使者所知,要是欢喜吃的话,可叫你在三个月,天天调一种口味,还不见得都尝到。一派有一派的专擅,一肆有一肆的特长。如其你不懂内容,管叫你盲无所措,莫知拣择,到处受亏,到处出大笑话。

废话少说。我们从这一期起,逐渐地把上海各种的吃,一项一类地发表出来,使得读者诸位有所明了,不至于盲人骑瞎马地乱跑。

上海算是全世界吃的大本营。所以要谈上海的吃，先要把各项各类排成一个饮食阵，然后按门谈论，方才有个数目，不致顾此失彼。现在先把种类分析如后：

甲 中国菜类

本地菜 天津菜 北平菜 四川菜 广州菜 杭州菜 回教菜 河南菜

宁波菜 潮州菜 镇江菜 福建菜 徽州菜 净素菜 湖南菜 无锡菜

其他还有：

小酒店 经济菜 牛肉摊 菜粥店 面结摊 烂沙芋 南翔馒头广式点心 本帮点心

乙 西式菜类

欧美大菜 法式大菜 俄式大菜 中式大菜 日本菜 咖啡馆饮冰室 酒吧间

现在先就本国菜类来顺序谈谈：

本地菜

本帮馆子大概都是蜕化于宁波馆子，规模都是很小，所谓"家常便饭"者。南京路抛球西首，俗称饭店弄堂，如老正兴馆、正兴馆、全兴馆，彼此鳞次栉比，真不愧一为饭店弄堂。据说这几家正兴馆，大家各以老牌自居，和三马路所谓大舞台对过天晓得之文魁斋差不多，直到现在已经是分不出真假了，现在将他们的拿手菜推荐给诸位读者。

"饭店弄堂"内的老正兴馆

炖蹄髈、烂糊肉丝、炒圈子（即猪肠）、红烧羊肉、四喜肉炒卷心菜等，而且一律小洋，非常便宜，普通的菜每客只三四角，洋价又特别提高，譬如市价作十三角八分，他们总要加上五分或八分。这几家馆子的装潢呢，却是十分的破旧，但也有汽车阶级上那里去的很多，普通行号的职员，更乐于光顾，因为到那里去是实惠而且便宜。

天津菜

如果久居上海的朋友，要吃天津菜的，请你到大世界后面的青萍园和小花园对面的六合居，这二家都是有名的天津馆子，他们除了酒菜以外，大都注重点心，菜肴之中，有一种叫做"果儿汤"，是用肉丝、蛋花煮成的，味道倒也不差，这是天津馆子中最出名的了，取价便宜，不满大洋两角。点心之中，著名的也很多，片儿汤与馄饨差不多，大炉面、炸酱面等都很适口，此外还有锅贴，比上海人吃的油煎馄饨大些，每件约一二分大洋。以前六合居煮的，最为出色。还有一种特产，便是天津五茄皮酒，别处做的，总是地道不正，大半搀杂火酒的，所以要喝五茄皮酒的，非到天津馆子去不可。天津馆子在上海的，已经是很多的了，石路吉升栈弄也有一家，北站也有几家，他们招待顾客，是最恭敬也没有了，你如其多给一点小账的话，会特别的使你高兴。

北平菜

要上京菜馆，在上海要推三马路之悦宾楼、会宾楼，四马路有致美楼、大雅楼。吃北平菜最令人满意的，便是他们对于招待方面，很殷勤而和蔼。主顾进出，都有三四个穿青袍黑褂的人含笑迎送，这一点，虽然这几家菜肴精美，大半还是靠招待周到。但是到北平馆去吃，最好同伴多一些，因为他们的菜肴是很丰富的，代价就因此而增加，如果一二个人去吃，那就不大合算。京菜馆中最著名的菜要算糟溜鱼片、辣子鸡丁、爆双脆、炒虾仁、挂炉鸭（带面饼）、辣白菜、菇巴汤、红烧鱼等，另外还有一种小米稀饭，在北方固然算不来稀奇，在上海却别有风味。还有一点，到京菜馆去吃，在未开席之前，桌上总放着二个碟子，南瓜子和蜜饯山楂，南瓜子当然是南方人常吃，蜜饯山楂却非常可口，读者不妨去尝试一下。

四川菜

上海的四川菜馆，只不过四五家。几年前汉口路有一家美丽川菜馆，倒是有些名气的，可惜早已关门大吉。现在最著名的，要算爱多亚路的都益处了。川菜馆里面有几样冷盆，颇为适口，一件是辣白菜，是用辣茄和交菜配成的，味嫩而清口，爱吃的人很多。别家虽然也有仿制，可是总不及川馆的鲜美。还有一件是醋鱼，用极久的火候，鱼骨酥透，所以吃来酥软异常，无骨鲠之虞，而味道也因着火候到家的缘故，很是入味。这两件冷盆，诸位在上川菜馆吃的时候，大可一试。其他热菜当中，如红烧狮子头、奶油菜心、神仙鸡、纸包鸡等几种，也是拿手杰作。但是有一样缺点，就是价钱要比京菜馆来得昂贵，人少了去吃，不大合算，所以这个也是美中不足。

广州菜

这个"广州菜"是粤中一个总名称，内中还分开三派，一派就叫广州菜，一派是潮州菜，一派是宵夜。无疑的，此中三派，当推广州菜为翘楚了。至于三派的口味，却绝对不同。所以得把它分开来写。

现在先说"广州菜"，从前广帮菜馆多设在北四川路一带，如粤商酒楼、会元楼、味雅、安乐园等，簇居一隅，普通的人，并不十分注意。在中区的，仅四马路杏花楼等数家。

后来四马路神州旅馆对门的南园酒家开幕，生涯之盛，为沪上酒馆所仅有，因之继起者接踵，如南园对面的梅园酒家、四马路的味雅分店、美丽川菜馆旧址的清一色酒家，和大世界对门的金陵酒家等，不下七八家；又后起之秀南京路新雅，堪称粤菜馆之冠，内部之装潢、布置、侍者招待，悉

广帮菜馆的白切鸡和油鸡

仿欧化，洗碗用机器者当推独家，虽大马路唯我独尊之大三元亦见损色。然而彼等生涯却仍鼎盛异常，推原其故，就为了他们装潢布置，十分富丽，而售价却一律小洋，教京川馆便宜不少。其中的著名菜肴很多，冷盆有烧鸭、油鸡、香肠、叉烧、鲞鱼、腊鸭腿等，均极鲜美可口；热炒有炒鱿鱼、蚝油牛肉、炒响螺、炸子鸡、炸鸡肫等，还有翠凤翼（鸡翼中夹火腿）、冬菇蒸鸡等，也很出名，其中尤推大鱼头最美，平常二三人亦难吃完；其余有几件山珍海错，更为各帮所无，像龙虎会、山瑞、穿山甲、海狗鱼、蛇肉等，价钱虽贵，平常日子还吃不到，有几家还每逢礼拜六或礼拜日才有出售；还有一种鱼翅，取价更昂，最上等的有值一百元的，通常亦须二三十元，还不算十分丰满，为了这一件菜的关系，所以和菜的价格，比各帮高出很大，五十元一席，还算普通的，

上海维也纳香肠工厂外景和送货车

最起码总得二十元左右。最稀奇的要算吃猴子脑了，把一只活的猴子，打破了脑门，摆上席去，任客生吃，北四川路几家馆子，都有出售，价格约百元左右。还有许多点菜，确实便宜，像一盆蚝油牛肉，只消两三毛钱，草菇蒸鸡，也只四五毫小洋，试问在别家上等馆子里，哪里吃得到。所以作者的管见，平常三朋四友去小酌，还是到广帮菜馆，点上几样便宜的菜，较为合算，资财丰富的人，有了贵客光临，确不妨多出些钱，去定他们的和菜尝些异味，至于普通请客或是宾客都是知己的确太耗费了。

现在再说潮州菜，然潮州菜亦是广东菜之一种，但一样是广东菜，广州和潮州的风味，却绝对不同。全上海的潮州馆却很少，除了北四川路有几家外，其余公共租界上却不多见，据我所知，五马路满庭坊里，有一家徐得兴菜馆，却是正式潮帮，里面陈设虽极破旧，但却很有声望，还有法大马路的同乐楼也是潮帮菜馆。这几家最著名的菜，内中要算一只暖锅了，常各帮菜馆所配的暖锅，不外乎放些肉圆、海参、抽糟、肉片、鸡丝、火腿、蛋饺、虾仁等老花样，决不改变，唯他们却别具风味，里面放着鱼肉做的饺子，虾和蛋做的包子，再加底里衬的是潮州芋艿，却是又香又脆，令人百吃不厌，然其售价也不贵昂，只须一元左右，读者不妨尝试一下，包管满意。至于热炒，以海鲜居多，如龙虾、响螺、青蟹、青鱼等，亦为潮帮特色。还有一种装瓶的京东菜，味极可口，门市每瓶约售三四角，亦请读者尝试。

宵夜馆亦广州菜之一种，宵夜馆分中菜、西菜两种，中菜和广州菜相同，只是规模较小一些罢了。这类馆子，都注重夜市，白天的生意很少，三马路春宴楼、大新楼、杏华楼，四马路燕华楼，二马路广雅楼，南京路长春楼，四马路醉华楼，是其中最著名的，售价也很便宜，用小洋的居多数，洋葱牛肉丝、虾仁蛋、叉烧蛋、糖醋排骨等几样，为其拿手好戏。到冬天还有一种鱼生（又名菊花锅），有鸡片、肫片、鱼片、虾、蛋、波菜等种种，都是生的，由顾客自己煮熟，价格在一二元之间，偶然尝试，倒觉别有风味，而且人多了是最合算。还有一种宵夜，从前只售三角，现在大都增至五角，每客有一冷盆，有一热炒，一清汤，并连饭，冷盆有烧鸭、叉烧、香肠等，热炒有牛肉丝、虾仁蛋、肉丝等，汤内放着鱼片、肫肝、白菜等，在规定各菜之中，由顾客任点一样，这种最适合一二人，多了就无意思。此外有牛肉丝饭、咖喱鸡饭、清炖鸡饭、鱼生粥等，通常一人去吃他一样，已觉很饱，而所费的代价，只二三毫小洋，鱼生粥一味，还只一角多钱，再合算也没有了。

上面说的是广州菜的宵夜馆，与正式宵夜馆尚有不同之点，假使你到正式宵夜馆去吃，有几种还要比得广州来得合算，倘若你一个人去独酌，更是合宜，因为正式宵夜馆中有许多零星点心，一个人独吃一客，已能果腹，而代价却至多三角。假使要吃饭的，可点上一客蛋炒饭、咖喱鸡饭、鸭饭、什锦饭，或是荷叶包饭，每客自二角至三角。假使你欢喜吃粥的，就可点上一客鸭粥、鸡粥、鱼生粥、叉烧粥，或是什锦粥，每客也在二角左右，其中尤以鱼生粥最上算，里面有鱼片，有叉烧，有肉片，又有一个铺鸡蛋，有几家只售一角二分小洋。但再经济一些，假使你欲尝试宵夜的西菜，单独叫一客，也是常事，不好算是坍台，其中除了各式炒饭最能果腹以外，还有一样炸猪排，也极便宜，只费一角小洋，竟有两块大猪排，所以单去吃炸猪排的人，十占其三四，读者不妨也去尝试一下呀！

一个人上饭馆，点上一只炒，一只汤，起码七八角钱，而且这种吃法，要算最节省的了，所以作者的管见，一个人上馆，最好上广东宵夜馆去，吃一客西式炒饭，或是粥，切不可到饭馆上去，纵然那馆子售价低廉，不及宵夜馆来得实惠。倘若你不嫌下贱，不爱漂亮，处处以节省为目的，那倒也有一种吃法，便是到正丰街鸿福楼菜馆，或是其他苏帮本帮馆子里面，点上一客咸肉豆腐汤，咸肉的数目，可听尊便，通常每客两块已够，若你还要经济一点，还可减少一块，一块咸肉，只六十文，连豆腐汤计一百六十文，外加一碗饭一百文，统共有二百六十文。二百六十文而能吃一顿饭，其是再便宜也没有了，但这样括皮的吃法，只限于楼下统间里面，因为各帮菜馆的定例，楼下以铜元计算，楼上却以小洋计算。到楼上吃起来，既不像样，又不经济，几个括皮的朋友，都学着孟子"从吾下"[1]的遗训，从不上楼梯一步的。

杭州菜

杭州馆子在上海是绝无仅有的，到过杭州的人，大概都知道城内清和坊有家规模简陋的正兴馆，可是他们的菜，是极有名的，后来上海大世界对面飞霞豫菜馆原址，新开了一家杭州饭店，几位股东都是上海的名流，他们见于杭州的可口入味，为海上所不能尝到的，所以不惜重资，在杭州聘了几位名庖，以饱沪人口福。上海人素来好奇，震于杭菜的盛名，又以为难得尝到，都争先恐后地去光顾。他们最拿手的，有西湖醋鱼，加香件儿、豆豉鱼、东坡肉、鱼头豆腐、咸肉等十几种。其中尤推鱼头豆腐一菜，最是鲜美，读者不可不去尝试一下，藉增口福。现在不妨介绍几种有名的杭州菜给读者。

鱼头豆腐

杭州饭庄的鱼头豆腐最是珍贵，除了他们以外，虽踏遍上海，是吃不到的，其优点是在鱼头之中，都是肥壮的鱼肉，豆腐更烧得入味，绝无豆腥气和苦味，其名贵之点，也就在此。

1.编者注：此处原文疑误。"从吾下"疑为"吾从下"，语出《论语·子罕》。

西湖鱼

松江的鲈鱼，果然天下闻名，但是杭州的西湖鱼，却也是遐迩驰名的。西湖的山水风景甲于天下，所谓钟灵毓秀，人杰地灵，那么西湖中的鱼，其鲜美也不言可知了。到过杭州的人，大概都欢喜尝那西湖的名鱼，但优游名胜，流连山水，为时无几，一旦离了杭城，就尝不到这美物了，但现在却有了，爱多亚路的杭州饭庄里面，请了不少浙西名厨，烹煮各种杭地名菜。其中西湖醋鱼一味，更所特擅，读者切勿失诸交臂！

杭州饭庄的鱼头豆腐、西湖鱼两种，既已介绍，此外还有一种咸肉，亦极可口，读者盍行一试。

回教菜

教门馆就是南京馆，所谓教门者，是指回回教而言，南京人信回回教的很多，上海五方杂处，万流云集，回教信徒亦复不少，因彼辈不能在任何馆子内果腹，故有回教馆之创设，所以回教馆的生意，很是不恶。四马路大新街春华楼，六马路石路口金陵春，和老北门老万兴，都是教门中最著盛誉的。他们为避免猪肉起见，连烧菜时也用素油和鸡油替代，除了猪身上东西以外，别的菜和其他馆子相同，只是不用猪油的关系，那味道别具风味。像南京的板鸭、咸水鸭和香肚，本极闻名的，所以上海教门馆中，也以这两样最著名；还有一种红烧牛肉，也是教门中最为出色；油鸡一种也极可口，其余炖鸭炖鸡等菜，也是他们的特长；又有一种鱼肚尤为特色，因教门免治猪肉，决无肉皮渗入也。

河南菜

河南馆子从前有两家，一家是跑马厅南洋菜社，一家是爱多亚路飞霞菜社，可惜都关门了（南洋现虽开幕，但已换了东家），现在只余一两家开着，其中要推梁园最出名了，著名的菜，有一种醋海蜇（和南方不同）、炒猪脊髓、烤童子全鸡和烤全鸭；其中要算烤乳猪最伟大了，把一只出胎未久的乳猪去了毛，在火上烤得皮坚硬了，献上席来，复由侍者用刀披成薄片，和着甜酱同食，其味鲜嫩异常，凡遇三十元以上的酒席，总有这一样菜的。

原载《人生旬刊》1935 年第 1 卷第 2 期

沪 渎 菜 系

粤人之食品

刘自强

谚云"食在广州"，是则粤侨菜品，或有一二可供谈助者。试观虹口武昌路崇明路一带，粤人开设之餐馆酒肆，几触目皆是，每届华灯乍上时，各餐馆酒肆，则皆座客常满，樽酒不空，斯亦可观粤人喜饮嗜食之一斑。

粤人食品，几无奇不有，蛇狸猫鼠、狗鱼山瑞等，均视为珍品。顾嗜蛇者尤众，据餐蛇云，烹蛇以愈毒愈佳，若金脚带、金钱豹、过树雄等是，烹时配以肥鸡、鲍鱼、木耳等品，故益觉鲜美，闻其效能祛风补血云。若以蛇与鸡同烹，则名龙凤会，亦名龙凤配。蛇与猫同烹，则名龙虎斗。他若山瑞、狗鱼、果子狸、咸田鼠等，亦均为粤人之所视为珍品而嗜食者。

粤侨酒肆，若四马路之杏花楼，南京路之东亚、大东二酒楼，北四川路之会元楼、粤商楼，其最著者也。会元、粤商，楼座极广，且交通利便，故粤人之设喜庆筵席，类多就此。杏花、大东、东亚三处营业，则以外省人为盛，此缘地址关系。往岁武昌路中新开之安乐园酒家，陈设极其华丽辉煌，稍具粤垣酒肆雏形，在沪埠粤侨酒肆中，可称巨擘。余如崇明路之陶陶、味雅、冠珍等，亦有几分号召群众之能力。至若面食粥品之宵夜馆，则如过江之鲫，纪不胜纪矣。

粤人菜品，取名颇为奇特。如鸡片嫩菜同炒则名"凤穿竹林"，蟹膏嫩菜同炒则名"碧玉珊瑚"，清炖鸽蛋则名"七星伴月"，种种奇名，不胜枚举，是亦足资谈助者也。

粤酒肆每届冬令，有所谓边炉菜者，系以小铜锅置小炭炉上，中置沸汤，自取配菜，就汤中煮熟而食者。所备配菜，为鲜虾、生蚝、蛋子、嫩鸡片、腰子、鱿鱼、鱼脍等物，聚朋三五，随煮随食，寒冬食品中之最有兴趣者也。

武昌路有小酒肆名章记，著名之小酌店也。该肆厨子，为粤人劳某家厨，所烹菜品如菊花鱼脍、奶油扒鸭、鸡丝脍翅、鲍脯等俱极可口，且取值亦极低廉，故该肆容积虽小，而营业之盛，在宵夜馆中，固足自雄也。

粤人烹菜，同一物品，而可烹作十数味者，如味雅之牛肉，最为脍炙人口。该肆所烹牛肉，有茄汁、咭汁、青豆、堆盐、蚝油、菜花、架厘等，美味各不相同，观此可知粤人研求。

原载《申报》1925年12月27日第17版

本埠徽馆之概况

毕卓君

本埠徽馆，几满百家，徽馆在餐馆之方面，占有相当之实力。查本埠餐馆除番菜社外，尚有苏帮、闽帮、镇江帮、扬帮、京帮、甬帮、粤帮等等之分，而其间以适应中等社会之需求者，则为徽帮。在上海未辟为通商口岸之前，便有徽馆之设立，此盖由于徽馆之传播最早，无市无镇不有徽馆之存在。考其徽馆之得名，缘于徽班与徽州盐商典商而益著，又以徽州烹饪调羹，别出心裁，徽馆出来者渐，固有甚为悠久之历史。

本埠徽馆，今日可谓一重要时期，何以故？在三十年前，徽馆不满二十家；在二十年前，亦不满五十家；民五以后，陡增为六十余家；民十以后，激增至一百有奇。甲子以还，江浙屡有战祸，目下得以存在者，仅八十家左右。顾此八十家中，颇有不少难以为继者，此不尽由于时局关系，或亦徽馆自身之影响。上海生活程度，日高一日，物价逐涨，不待智者言之，徽馆菜价，未能提升几何，即其所提升者，亦不敷补逐涨之物价，益以各帮馆业之竞争，难于免乎淘汰之波虑。又以徽馆当局，类皆拘守陈规旧矩，未克尽量改进，如装饰、布置、设施等项，较诸他帮馆业，自有愧色，而于菜肴种种方面，亦未克随机应变，徽馆之营业，安得不为呆滞？吾为眷念徽馆起见，特撰概况于后，而殿以今后当有之方针焉。

　　本埠徽馆之分布。以最近之访闻，徽馆亦不下八十余家，除其间正在组织与复行组织或因别种关系而停顿者不录外，谨为揭表之：在闸北方面者，有大统路之大庆楼，宝山路之复兴园、宝华楼、永乐天，蒙古路之新宾园，恒丰路之同义园，海宁路之大吉楼，鸿兴坊之凤凰楼；在南市方面者，有老西门之丹凤楼、第一春南号，豆市街之最乐园，小南门外之沪南春，大东门外之大舖楼，小东门大街之新民园、太和春，小北门外之新中华，里马路口之畅乐园，虹桥头之第一楼、福庆园，九亩地之大庆园，城隍庙前之江南春，三角街之三星楼，王家码头之大华楼，七星井之七星楼，民国路之吉庆楼，老北门之荣华楼，十六铺之太白园，小东门外之醉白楼；在英租界方面者，有天妃宫桥之三阳楼，广西路口之申江春，吴淞路之凤记共和春，老闸桥之聚丰园，北四川路之申江楼，盆汤弄之鼎新楼，抛球场之聚华楼，北河南路之新华园，北四川路之同春园，新闸路中之宴宾楼，虬江路口之沪江春，虹口之同乐春，泥城桥之惠和园，福建路之善和春，北山西路之民和楼，四马路之民乐园、第一春、聚和园，广西路之大中楼，西新闸路之西华春，重庆路之重华楼，兆丰路之兆丰楼，提篮桥之海国春，华德路之民华楼，西藏路之万家春、四而楼，四马路之聚元楼、亦乐园，北江西路之同华春，昼锦里之同庆楼，棋盘街之天乐园，仁记浜路之四海楼；在法租界方面者，有公馆马路之中华楼、八仙楼、胜乐春，南阳桥之南阳春，唐家湾之富贵春，东新桥口之鸿华楼，曹家渡之一家春。

综观徽馆之分布于上海者，不下八十家左右。设立最久之徽馆，上海未辟为通商口岸以前，即有徽馆之设立。以故在三十年前，徽馆之实力颇大。今日驾徽馆而上之闽帮、粤帮、京帮等，尔时不足以抗衡之，至若今日如火如荼之西菜社，尤非当时之敌手。就中成立最久者，莫如小东门外之醉白园。盖醉白园成立后，经已七十余载，洵为本埠徽馆之先导。其次如棋盘街之天乐园、胡家宅之聚元楼、盆汤弄之鼎新楼，均皆成立已经三十余年，其基础之巩固，可不待言。又其次为南市里马路口之畅乐园，计自成立至今，亦二十余年。若九亩地之大庆园，亦十有四年矣。四马路之亦乐园，约与大庆园同时创立，故其资格较老也。

本埠徽馆之派别。本埠徽馆，几满百家，但徽馆须分两帮，一曰绩帮，一曰歙帮。绩帮为徽馆之先河，歙帮则为后起者耳。以实力言，则歙帮不如绩帮。以绩帮原绾徽馆之专业，其历史甚为悠久，歙帮乃脱胎于绩帮，仅得自树旗帜于徽馆之下而已，如复兴园、天丰园、民乐园、第一春、畅乐园、醉白园、中华楼、惠和园、聚元楼、亦乐园等六十余家，悉属绩帮。至于歙帮，则仅闸北之大庆楼、天妃宫桥之三阳楼、吴淞路之共和春、北四川路之申江春等十余家耳。以营业之精神言，则绩帮又在歙帮之上，绩帮重整饬，歙帮则失于萧散，绩帮更克互相辅助，自为歙帮所不可及，如何家不能支持，则群谋设法以补救之。唯自民十以后，歙帮崛起，的有蒸蒸日上之势。乃自民十三以来，频受顿挫，致目下方在养精蓄锐之中，未足与言抗衡绩帮。

组织法之大略。本埠徽馆，虽不下七八十家，资本有轻重，场面有大小，营业有盈亏，派别有歙绩，而其内部之组织，则大致一律，所可奇者，徽馆颇少个人单独投资，几乎完全为合股办法，徽馆之不克拔萃，毋乃亦以此乎。查徽馆之在本埠者，除有悠久历史几家外，其资本额均不十分浑厚，第其内部组织，则无不同：（一）内账房一人；（二）外账房一人，兼管堂簿；（三）小炒司务一人或二人；（四）副刀一人或二人；（五）下面一人；（六）蒸笼一人；（七）二炉一人或至三人；（八）烧饭一人；（九）面司务一人；（十）出行一人；（十一）堂倌二人或至十余人；（十二）下手三五人或十余人；（十三）经理一人；（十四）协理一人。无论馆之大小，至少亦须十八九人，多则三十、四十人不等。

馆业之团体组织。本埠徽馆，无虑上百家，合计馆主员役，当在三千左右，向无团体之组织，各存自扫门前雪之见。九六以后，有馆业公会之组织，比时所加入者，悉为绩帮，由绩帮领袖路文彬君为会长，并加入安徽旅沪劳工会，以壮声势。但当时不甚重视公会，除一致要求馆主改良待遇外，几无所事事。厥后又有所谓馆业公益会，该会乃歙帮领袖朱志卿等所发起，亦仅为沟通声气之机关而已。至于如何联络，以遂馆业之扩充，如何救济失业员役，以敦该业之风化，惜当局未遑顾及，不无缺憾。日者，更有所谓饭员公会，不论歙绩帮均得加入，至于如何进行，俟诸异日再行报告。

本埠徽馆之概况，既如上述，而徽馆之前途，颇堪注意，不第旁观者为其积虑，即徽馆当局，亦未尝无此心也。徽馆至于今日，可谓将入淘汰时期，倘不再谋改进，其何以存在耶？他帮之竞争，渐占优胜之列，唯徽馆则仍牢守陈旧，殊不知人心之趋向，根于潮流之何若，又以生活程度与方式，与日而俱进，徽馆之因循自误，其危险实堪馨述耶。然则徽馆欲获自身之存在，其唯徽馆自身策划所以改进乎？余不揣谫陋，谨抒予之所知：

第一须不分绩歙帮，而有同舟共济之决志。予有友朋数四，均经驰驱徽馆业中，其所言颇为中肯。彼云，徽馆绩歙两帮，隔阂甚深，徽馆不在乎馆数之增加，而在扶助既已成立而垂于倒闭者，更应集合群力，而成一大规模之徽馆。小规模之徽馆愈多，则财政与人事，愈为纷散，而其结果，必为他帮馆业所排挤。诚哉彼所见。

复次，徽馆之厨司，只知牢守徽菜之范围，不知撷人所长，藉为参试之资，尤不肯虚心研究，以致了无进境，老于就咴徽馆者，莫不具此感，希望徽馆之厨司，以后须打破自己家园之谬解，而为徽菜改良之事功。

又其次，徽馆执事对于原料之购入，务须择其上乘者，盖余尝闻不少之吃客，都因其味不合胃口而搁箸。调烹上固负其责任，而于原料方面，未免失诸粗简，抑有进者，徽馆馆地，窄隘者多，窄隘尚不妨，无如太不重清洁，吃客既至，再行抹桌，即此一端，可以知其概矣，此而不加注意，深难以广招徕。余亦新安人也，不觉言之痛切，愿徽馆当局，其勉之乎。

原载《申报》1927 年 4 月 21 日第 18 版

到广东酒楼去

松柏生

我看本报到第三十一期玄玄先生的大作《虹口》里面"知道广东规矩的，到广东派的饮食店里去吃些东西，着实便宜"的一段，我便想到到广东的酒楼去饮茶的常识了。

俗话说得好，"食在广东"，这句话儿是不错的，远在美国，近在日本，他们国人都很喜欢食大中国的广东食品，听说美国人设宴，也有用广东菜的，至于日本呢，在那木屐滴得地响个不休的日本热闹地方，都见有"支那料理"的名字，其实所谓支那料理者，通通都是广东食品，店主也是广东人。日本人最喜欢食的，首推叉烧面了。闲话少说，言归正传。

饮茶就是吃点心，广东人叫做饮茶。广东的酒楼多数设在虹口，著名的有北四川路之群芳居、粤商酒楼、会元楼、粤南楼，武昌路之安乐昌记。虹口以外的地方也有酒楼的，可是价目比较贵，倘若要便宜，还是到虹口来罢。下面所讲的价目，都是属于虹口一带的酒楼。

我们想食广东点心，首先要有一种常识。我们到酒楼去吃东西，价目很廉的，倘若去买回家里吃，那么要比较贵一点了，这是一定的道理，照叉烧包来讲，倘若去买一角大洋，只有五六件，若是去吃呢，那就有十件了，所以食广东点心，还是去食便宜。

　　饮茶的时刻，最好在上午八时至十时，下午十二时至三时，在这个时间去吃东西，就有很多的食品，都热腾腾地一种一种拿出来的，倘若不在这个时候，就没有什么好东西吃了。

　　酒楼点心固然很廉，可是茶是很贵的。每盅茶有五分一角的分别，五分银的坐在大堂广众里面，一角的就坐在小房子里面，茶有绿茶、红茶、菊花茶种种。我们除非不去吃东西，去吃了总要吃得一饱，倘若只三四件普通的包，那么一盅茶五分，三四件包三四分，一共八九分，食不过三四件包，就要八九分，那就不合算了，所以总要多食才称便宜。

　　我们入座后便有人来问要什么茶，倘若是孩童，两人一盅茶也可以的，当各种点心一种种拿出来的时候，你要什么就拿什么，普通的，同虾饺、烧卖，每件一分；他如鸡包，同其他比较好些的点心，每件二分；荷叶饭（荷叶包着糯米，里面有很好的材料）每件四分；其余还有很多很多，读者诸君去吃的时候，就可以看见了。倘若带了三角左右，就可以吃到肚子涨起来了。

　　座位最好是近着厨房一边，因为点心都是从厨房里拿出来的，若有了什么鸡包、荷叶饭种种美味的东西，可以立刻得到食了。倘若深深地坐在里面，恐怕没有口福了。因为那些宝贵的食品，没有很多，而且人人都喜欢吃的。所以近厨房一边的贵客，都先食完吃完了。

吃完了，肚子饱了，碟上剩余的点心，可以带回家里去。价目同在那里吃一样，若果叫他们包数件带回去，那么就同去买的价目一般。所以想多点回家，还是多要数碟，食剩带回去，比较便宜。

粤商酒楼现在改为日夜都有，新近加添女招待，下午一时起有各种魔术、四簧等表演，夜间还有滑稽语剧，可是夜间没有五分银一盅茶的，每盅茶要一角一分。会元楼门口有报纸出租，进内饮的，可以租来看看。

广东人有一种"不屈"的态度，所以到酒楼去饮茶的时候，唤那些招待员，不可以用一个"喂"字唤他，"喂"字下面，还要加一个"伙计""朋友""兄弟"等名词。

原载《上海常识》1928年第34期

广东菜在上海

春申君

上海是一个奢华虚靡的地方，除了衣着的讲究以外，还注意着吃菜方面。因此上海的各种菜馆，满布在街路的两旁。

上海的菜馆，向以京苏两种为普遍，然而时至今日，广东人已经把他们生硬酸辣的特殊的菜味，移送到虚靡奢华的上海地方。现在上海的广东菜馆，日日在继续进展之中，自虹口一带为起点，推进到四马路、法租界，以及于正在开展中的老西门。

广东菜馆在上海发达的唯一原因，可说是在清洁。向来上海的菜馆，除了西菜馆而外都是龌龊不堪，非但台凳碗筷涂满油腻，而且空气恶浊，使人不耐久坐。唯广东菜馆，内部布置精雅，红木椅桌，参与新式用具，令人心爱，同时碗碟筷杆，也是洗涤得清清爽爽，使人不加厌恶。再说烹饪方面，尤其特点，色素虽是单纯，菜味却很浓厚，举箸大嚼，口胃可以大增，兹且略加介绍，以告读者：龙虎门、龙会门、三蛇会、果子狸、鸡鲍大翅等几种，是为补阴的名菜。相传龙济光督粤时，日啖此菜，以为亲近女色之助。其他如干烧鱼翅、红排网鲍、共和大燕、凤爪水鱼、蟹钳广肚、炒广鱿、清炖冬菰、蚝油太牢、炒响螺、炸子鸡等等，也特有风味。

其价格自数角以至于数十百元，而名贵之中山筵一席，最大者竟至千元以上，实为全国菜价中之无出其右者，所谓"富人一席酒，穷汉半年粮"，现在竟超而过之。

上海人之喜欢吃广东菜者，除旅居在上海的"丢那妈"以外，其他的一般人，可说是同有此好，而且在虹口一带菜馆中，我们时常可以看到木屐的东洋矮鬼也在举箸叫好，中国菜能得外国人欢迎，广东人的确可以夸示于上海了。

广东菜馆的茶役也和其他菜馆不同，他们穿了白色的号衣，分别照顾着座上的客人，在他们硬绷绷的性格中，对待客人，倒是唯命是听，没有一些儿不周到的地方，但是我们要叫唤他们，是"伙计"而不是"堂倌"。

广东菜馆的茶是十分考究的。客人上座，必是每人一壶，红的绿的，定价自五分以至二角三角不等，这项费用，据说是归伙计收取的，还有茄厘油酱，不由菜馆供的，也是归伙计自备的。而在生意兴盛的菜馆中的伙计，他们每月的进益，最高的在二百元左右！

要是外帮人，初上广东馆不善点菜，最好的办法，还是吃和菜。那么他们绝不欺负你，照例烧给你，使你不会觉得不便宜，如福州路清一色酒家，有时一元二角的和菜，这在旁的菜馆，恐怕是很难得了。

广东菜馆的饭，也和其他菜馆不同。把瓷盅蒸煮，不硬不柔，清香可食。而其计算标准，以盅数而论，大抵每盅为五分。同时广东菜馆的酒，也是别具一格，如青梅酒、糯米酒等，微甜而酸，而江南人所谓绍兴的好酒，则很少有人家代售，盖此例一破，有失广东菜馆之特殊风格也。广东菜馆的用具，大都是国货，虽至一牙扦之微，亦必自广东搬运而来，关于这一点，亦可看出广东人爱国心之如炙热烈了。

上海广东菜馆，大小果然不下数百家，兹择其大而有名者，略举如次：虹口有味雅、新雅、会元楼、粤南楼、醉天、安乐园、陶陶等几家；南京路福州路之间，有冠生园、清一色、梅园、味雅支店、杏花楼、南园、燕华楼、大三元，以及三大公司的酒菜部等几家；法租界有金陵酒家、冠生园支店等几家；老西门有冠生园支店、名园等几家。观其趋向，大有席卷而来之势！

原载《上海周报》1933 年第 1 卷第 20 期

教门饮食

定九

教门馆便是"清真教"的会食堂，沪谚又名回教馆。在上海饮食业中占了雄厚势力，十九属南京人经营，因为南京人信奉"回回"的最多，饮食既遵教规，派别自然特殊了，和他帮菜馆迥异的，便是摒弃猪肉炒菜所用的油，也拿鸡油、鸭油、牛油、菜油……替代。"回回"最恶猪肉，而所以教门馆最初创立的时候，对于食肉者流的外教人，不予接待。但主顾自备猪肉上门，仍禁例森严，毫不通融，忙不迭下逐客令。教徒们饮食既有此严格的限制，没家室的人就食别帮菜馆，当然难以放心。上海信奉回教的很多，孤独者也不少，教门馆的设立，确合同道需要，为饮食业别树一帜。上海教门馆除"金陵春""九云轩""春华楼""顺源楼"等几家外，其他各马路小规模的，五步一楼，十步一阁，给教内教外人就食，以面食为主要，因此代价低廉，适应平民化。譬如牛肉锅贴、牛肉面等，非但教友依作日常食料，便是教外人现在尝试的也日多了。

规模大些的教门馆，面食外兼售客饭（包月亦可），价廉菜丰，嗜重味的人极配胃口。名菜有板鸭（驰名南京土产）、油鸡、香肚、红烧牛肉、洋葱牛肉、清蒸鸭子、红烧鱼肚、鸭掌汤、炒四件等。考售客饭的起意，因教友们久食面类生厌，才创饭菜，俾易口味。后因这种客饭经济实惠，外教的群相光顾，生意一好，趁机抬价，菜和饭的容量，反比前菲薄了。

到教门馆去果腹，有几种门槛不可不知，虽然下这办法，未免贻"括皮"（经济之俗语）之讥，要知道跑堂小二哥见你如此精明，定是老吃客，不敢作弄怠慢。譬如吃锅贴、牛肉馒头，实在将近中午十一点半辰光前去，因为各家教门馆规定在这时间，有五六锅特别优待劳动者（黄包夫之流）的锅贴、馒首出售，捷足先入口，花同一代价，获加倍东西，岂非落得便宜。至于吃面，一碗不饱，二碗嫌多，且亦太贵，这样可先吃十只锅贴，再来一碗阳春，共计价值，比有浇头的面贵不了许多，有饺有面，四美具、二难并了嘛。倘吃客饭，一人惠顾，虽也便宜，但凑伙（二三人）儿前去，更是实惠，因为单人就食只一汤一炒，究不能怎样丰盛，而在三客合并，因有两冷盆，一热炒，一汤四色菜，宛似徽菜馆一元二角和菜，但这里连饭在内，只小洋九角（一客三角），给些另赏，仍不足一元，而果三人之腹，不是便宜之至吗？

教门馆楼座和下堂（便是楼下）以大小洋分野，所以抱经济主义，非陪同亲友，终坐下堂为宜。现在大小洋相比，每角贴水九十文，吃四角钱多花三百六十文，又是一面之费，买个轩敞清洁，何苦来呢？饮食意在果腹，求五脏殿不唱空城计便得。教门馆的清汤，和羊肉馆般不取费，汤量宏大的食客，尽可牛饮鲸吞，虽似小节，倒也不可不知呵。

原载《时报》1934 年 5 月 18 日

谭谭上海的素食

定九

　　夏来了，寒暑表上的水银柱，突飞猛晋高升，藏首畏尾的电扇，也张牙舞爪，呼呼作响了。时令关系，肉食者流的"五脏殿"，都起变化，厌恶荤腥油腻，需要干净素食，"六月素"便成上海社会的摩登名词。吃素本是比丘尼们分内事，六根未净、五蕴未空的凡夫俗子，怎能口挂"阿弥陀"拒绝鱼肉山珍进口呢？但这年头儿，佛光普照，经咒神通，斋戒吃素，才属吾辈国民信仰之诚，可"澹他灾，消自孽"呵。

　　总之，吃素既合卫生之需，又属应时之举，确是善哉善哉。上海丛林像静安寺、清凉寺、海潮寺、法藏寺、小灵山等几家寺院的素筵，细洁味美，很得布者道称道，允推上海素食"素食之宫"了。近年来名流们沾染居士化，不持欧化"四点一刻"，却握精圆佛珠，表示菩萨心肠，"予善人也"，因此宴会酬酢，不少于高贵素菜馆举行。帕克路[1]的"功德林"、霞飞路的"觉林"、福熙路的"觉庐"为素食三大亨；规模较小的，有汉口路供养斋、浙江路香积厨、三马路禅悦斋等几家，这里统属居士、佛婆、高僧、妙尼宴叙之所，食谱精美，

1.编者注：帕克路又名派克路，即今黄河路。

所以价格方面，反比普通荤筵来得贵哩。

平民化的素食馆当以邑为大本营，六露轩、乐意松楼、春风月楼牌子最老，南市小南门外水神阁救火会隔壁施家馆，专售素菜素面，已具近百年历史，市招上写出"五代祖传"，和近邻姜衍泽药店，同属这条街上的"老大哥"。

上述六露轩等，整桌素筵虽也拿手，但光顾的人不多，以面食为主，冬菇、麻菇浇的，和虾仁、鸡丝面售价相仿，油条子边尖浇的，售十六铜元一碗，加辣油、芝麻酱后，别有风味。晨夕前往果腹作早点的，日卖满座，生涯鼎盛。

素菜上乘的，心裁别出，模仿荤筵，十分像真；下乘的，便脱不了豆腐、面筋范围，香净、冬菇、汤尖、鲜笋……更属药里甘草，各色菜都放入，可口而实惠的素菜有：五香油面筋、素烧鸭、白斩鸡、拌饭柱、炒冬菇、炒素脏、炒榆肉、炒鳝丝、奶油白汁菜心、扣蘑豆腐、橄榄菜、炒十景、冬笋香菇汤、青豆泥银丝卷等。

热天日日吃素菜，是须讲求经济。功德林等只可偶然尝试，唯六露轩等，价目克己，池座也很洁净，茶色更地道，游邑庙之余，前往就食，合二三知己，家常便饭，的确是六月素的会食堂呵。普通人心理，荤贵素贱，岂知素菜价格，半数以上比荤菜贵，譬如一色炒冬菇，代价六七角，倘点这样的二三色，已一元开外了，所以经济的吃法，不宜点菜，还是一元钱和菜上算，有炒冬菇、炒十景、一冷盆（素鸡或素鸭）、一大汤（三丝汤、榨菜汤、雪笋汤），足供三客饮量，岂非便宜多吗？

　　爱面食的光顾那里，尚有更经济的吃法，叫一碗香净或冬菇盖浇面，跑堂的必先把浇头送上来，沾几两酒，单个人独酌，其乐陶陶，最后以面果腹，三四角小洋，酒、菜、面全部解决，只此一家，别无分出的括皮（经济俗谚也）吃法。上海繁盛马路各家菜馆，到了夏日，也改售素菜，迎合"六月素"一笔买卖，炒十景一色，也很味美。普通住家命佣役持器去买，佐餐下酒，简便而实惠哩。

原载《时报》1934年6月1日号外第1版

粤菜馆与宁波菜馆

老饕

上海商人中，要算"宁""广"二帮的势力最大。宁波人的市面顶大，上中下三等，项项来得，动不动"阿拉"宁波同乡会，团结力与广东帮相仿。记得有年四明银行闹挤兑时，宁波人上至巨富豪商，下至贩夫走卒，做小本营生的摊头都起来收兑四明钞票。该银行的巨浪不久即告敉平。由此可以见他们乡梓观念非常浓厚。

广东人虽没有"宁帮"的声势浩大，但是他们经营的商业在上海非常雄伟，却不屑耗巨资，专究装潢，像著名的永安、先施、新新、大新等几家公司，都是广东帮商业的大本营，粤菜（即广东菜）业近来非常发达，非"广帮"也相率地去尝广东菜味。

沪战前的四川路，广东菜馆林立，尽是广东世界。现在南京路上除四大公司设有酒楼外，还有"大三元"和"冠生园"等几家，四马路上有"杏花楼"和"梅园"等几家，爱多亚路上的金陵酒家，都是居广东帮酒菜馆领袖。在布置方面，竭尽装潢之能事，钩心斗角，有美皆备，一椅一桌，弹簧坐垫，玻璃桌面，精致不群。进身其中，无异皇宫，所以到广东馆子里去，非但谋口腹之惠，简直求身心所适，还有辟出许多小房间，携侣同往，既可免抛头露面的伧俗，畅述衷曲，极好的所在。菜的定价方面比较上贵些，烹法大都半生半熟，不过非常鲜嫩。一席酒几百元也有，除军政要客、豪商大贾外，穷措大休想染指。自从市面不景气以来，小吃店群起，生意分外的兴盛，这些大酒家，当然受到相当的影响。"小鬼跌金刚"，大酒家不得不急起直追，故有小吃部之设，永安和大三元还设茶室点心等，这都是生意眼，抓着顾客的心理，实行贱而又美的主义。

普通的广东菜馆，有印好的食谱，随意点叫。伙计送上一张点菜单，要吃啥就点啥，他们冷盘中以叉烧、油鸡价值最贱，小酌的话，点下二冷盆，用以下酒。热盆中最普通的是炒牛肉、炒猪什，煨牛筋一味最鲜美便宜，烧牛尾汤、草菇汤最便宜。如果不善点菜吃法，不必到大的广东馆里去吃。

中等的广东馆三马路四马路一带不少，像"清一色"等，可以用点"和菜"的法子去叫。一元二角起至三四元都有，随着人数的多少而定，可省却一只一只点的麻烦。还有省的吃法是夜宵，与客饭相仿的一炒一汤，每客不过三角，吃起来也很实惠。广东人生性硬绷绷，不专巴结小账，他们里的"堂倌"大都是广籍，不善逢迎。你招呼他们时，不要叫他们"堂倌"，因为他们不喜欢人唤这个名称。最普通的叫声"伙计"。而广东音的"伙计"如同上海音的"馒盖"相仿。他们愿作"盖"而不喜做"官"，可发一笑。

宁波菜馆反没有广东馆这样的多，因为大都的菜不合一般人的口味，除"宁绍"二帮人外，光顾的很少。宁波菜不重油而多腥，胃弱的人，就不敢领教。上海的宁波馆叫"状元楼"的很多，其中以湖北路大新街转的"状元楼"为正宗派，战前的虹口也有不少的宁波菜馆，像西安路的"大东园"，是著名的一个，规模相当的大。他们的装饰不像广帮，但是有着很容易记的识别，里面虎黄色的家具，一望而知"宁"色的风气。他们的"伙计"大都很灵活，"善观气色"，对外帮人来光顾，不十分"巴结"，所以要上宁波馆，非同几个"阿拉"同乡一起去，才不致受亏呢！

原载《上海生活》1938年第2卷第1期

上海的西菜馆

洁

　　不论大宴小酌，逢到请客嘛，首须考虑的便是将用何种方式出之，一般地说来，往往以中菜或西菜作为一个先决问题，然后再计议地点、菜馆、酒肴及其他，这种情形在喜庆堂会，或业务上宴会，或亲友闲谈叙旧，几乎成为破费考虑斟酌的一个问题。这在从前物价低廉的时候，还不用仅仅较量，奈在近三两年来倒不得不缜密地计算一下，不然的话，单是加一小账，再加小小账，连带掌彩难民捐、干果台茶等"苛税杂捐"，到付账的时候，已够使你心惊肉跳，尴尬坏了。

　　爱吃西菜的认为有五种优点：一，有一客算一客；二，价目固定；三，不必主人横敬竖敬地噜嗦个不了；四，不宜酗酒猜拳；五，整洁高贵。于是西菜在近十年来真是风靡一时，时髦人当然不必说，学时髦的也管不了大菜刀会割破舌头，至少是不用筷，以面包当饭，还已够新鲜的了。

大菜司务以甬广两帮居多

　　西菜是跟着洋大人的关系而来的，而洋人足迹所至，最先必是海口，同时广东宁波两地的人，刻苦耐劳，富于开发精神，所以追随洋大人在船上工作的很多，这才学得一套煮大菜的本领，当非偶然的。

广东帮大菜馆从前和宵夜馆是一而二、二而一的，像石路广雅楼和五马路的竹生居等，在二十年前三角小洋一客大菜，有面包白塔油果酱，一汤，一鱼，一饭，还加咖啡一杯和香蕉一只。这种店铺现在几乎绝迹，所存者只会满记和东新楼附近的几家，但价目至少每客三元半，而且还没有白塔油，香蕉也不翼而飞了。这种菜馆演化得最进步的要算冠生园，现在南京路总店楼座，中午尽多大学生光顾，那里还有四元半一客的西士呢。另一种广东帮的西菜，比较更高贵（那是指当年的市况而言），就是四马路一带的一枝春、一家春等，且注明番菜馆字样，在十多年前四马路的红倌人要尝尝夷人风味，常常光顾那些番菜馆，但，听说目前的营业已很清淡了。

甬帮西菜馆多设在东区

靠近外滩的几条马路，全是洋行区，昔日的繁荣，单看汽车挤塞在那些大厦的门口，已可见所谓大班大写康白度之流的威风了。于是一班宁波帮大菜司务都拣择这一带相当的地段开设了好几家西菜馆，一天的营业只靠一顿中饭，另外早茶和晚点作为带头戏，一到夜晚，那里的顾客便寥若晨星，正所谓"早夜市面不同，整天只靠一中"。那种馆子的菜是大锅菜，因为中午前后，全是洋行职员在差不多的时间落写字间，于是一窝蜂地挤到这些菜馆里，不择座位，不择味道，嚼了一顿便算数。所以同时招待一大帮顾客，只得用一大锅菜去应付，哪里价钱稍廉，上菜迅速，巴望顾客吃完，起身就跑，那才可使前客让后客，而且许多老主顾，有专门伺候的仆欧招待。可惜，太平洋战事的结果，把四川路江西路一带弄得生气全无，洋行大班销声匿迹，这才害得仆欧们长吁短叹呢！

要问宁波帮西菜的味道，吃过青年会西菜（八仙桥和四川路的会食堂不同，前者是甬帮，后者是广帮）都能体味到。至于最高等的宁波帮作风，恐怕要算金谷饭店吧！那里午餐十二元半，晚餐十五元，较开幕时已涨起三倍了，但门庭若市，这大概是地段坐落得优良的关系。

外国老班的西菜馆

西菜馆老班很多是外国人，但正要上灶下灶、配菜下锅的全是来路货司务，近年来已不复见。十年前老吃西菜的，把指头一翘，说南京路 Marseille 的法国大菜，风味之佳，真是无出其右。是的，最使小孩子欢喜的莫过临走时的一包糖果了吧，其他何尝有异。听说这菜馆关门之后，大菜司务头脑马瑞曾帮过新都饭店，亦轰动了一些老爷姨太太之流。

德国来喜饭店的猪脚也是老吃大菜的"西菜经"之一，听说那饭店的女主人，每天必躬自在厨房里打转，但真正动手的岂不还是咱们贵国人，好在有德国老班，总算地道的德国菜了。从前一元五角的全餐，还奉送地道柠檬冰水等，现在已是二十六元，而且还追随了中国作风，加一小账，以教睦谊——可不知道外国食客是否一视同仁？

首创DDS咖啡馆的白俄老板，听说出盘时已经赚饱，早把法币折换了美金，横渡太平洋到美国去另开DDS咖啡馆了。即使现在的继任老板，身边亦复麦克麦克，标榜俄国贵族大菜，高贵的中华仕女，于欣赏沙皇巨室的穷奢极侈之余，很愿来此一尝异国佳味。只是可惜，近来缺少了一帮英美豪客，这才有些冷静，听说每客亦不过二十元稍出一些吧。

还有一枝异军——印度咖喱饭馆，这也是西菜馆中一枝标新立异的菜馆，主力军便是咖喱鸡或咖喱牛肉拌饭，还有椰子粉、糖浆等，弄得甜咸皆备，爽辣俱全，确是有特殊风味的拌肴。这种菜馆在江西路有两家，现在因鸡贵，牛肉贵，椰子来源绝，到底的咖喱粉不易买，听说成本大增，加之顾客减少，所以营业亦大非昔比了。

原载《政汇报》1942年3月25日第3版

漫谈十家粤菜馆

熟客

近几天报纸上经济新闻栏内，华商股票中亦竟有饭店事业的股票，大事活跃。以股票言，固然是崭新筹码，以饭店言，倒也是空前的豪举了，因此引起了记者好奇的心理。且不管新都饭店股票的跳上舞台，与该饭店什么好坏的影响，却对于饭店事业到了最近竟引起了一般的市商注意，不比从前弃若敝屣，该是一种进步吧。本来，旅馆事业、酒菜事业本不能算"下流"，我们古代大宰相管仲先生也是先治"客栈"，后治国家的。美国的商业统计局在十年前，早把该事业列为全国五大事业之一了。我相信上海的一班大企业家，也许将用更大的力量来开拓这块尚未丰润的土田。根据这些用意，记者花了五天的调查，把上海几家第一流的菜馆来一个简单的叙述。

新亚系统的发展

这几家第一流的菜馆，几乎全部是粤菜馆，而其他地方菜的菜馆，甚至连华人所设立的西菜馆在内，无论在资本、设备、人事、菜式，各方面都相差太远，所以若以第一流说法，粤菜几乎是"清一色"，那清一色的份子是新雅、新华、京华、红棉、美华、金门、国际、荣华、南华，与最近行将开幕而已轰动全沪的新都饭店，却巧合成"十大家"。

上海金门大酒店，刊载于《中华》1941年第100期

上海新华酒家茶室，刊载于《大美画报》1938年第4期

若要找出第一流菜馆的相同点，除了上述的外表同以"最高尚的粤菜馆"号召外，其还有一点更重要的"相似内容"，却非外人所能熟知，那就是我现在所要提出的"新亚系统的发展"。原来在战前北四川路头上有一家极著名的"大酒店"，叫做"新亚"的，想诸位还记得它，在全红时代，京沪要人，政商大亨，无不以该处为休憩之所，而主持这间大酒店的经理钟标，非但有功于店，更益衣钵有后。且看，上述十大酒菜馆中，除了新雅、国际与金门外，其他七家的经理，都是当时新亚的高级职员，即新华关济川，京华梁汉生，红棉黄庭伟，美华吴小香，荣华蔡国中，南华王定源，与新都的李贤影，何况除了上述人员外，还有新雅的总管事周兰芳，金门的领班香如（不知其姓），及分持各该店的李伯伟、崔叔平、沈瑞源、黄瑞麟、吴发华等，都是新亚的"名将"。

虽然"新亚"已成为历史上的名词，而钟标本人也蛰居于不争气的"荣华"中，大不"乐意"，但观乎上列阵容，新亚不愧为新亚，钟标也不愧为钟标的了。

新亚酒楼大堂

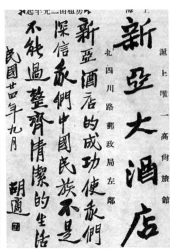

新亚饭店
刊载于《良友》1935年第111期

新亚大酒店，胡适题

新雅荣华与新华

大马路的新雅，很多人说它不能列入第一流去，为的是它的"用具"平常，"座位"太挤而甚至"用料"较次，"侍应"马虎……其实，照记者说法，固然上述诸点，委为事实，与京华、红棉比拟，确乎自认不及，但它地处南京路的"市中心"，因此万商云集，它有一百多个厨子的庞大阵线，因此出菜最速，而它更有精编的菜谱，宜夏的冷气，该是各店所望尘莫及吧。所以，以并不独大的餐座地位，而每日营业数达三万元，长占卖座最高纪录（其他各家每日大概为二万左右），当然决非偶然。

顺便朝西谈到荣华，它与新雅虽同朝南京路，但营业却不可同日语。同时荣华虽由钟标老将亲自管理，但究竟因长处太不容易寻得，而短处如"门面仿佛新式当铺""侍者多无特出人材""楼下光线空气两缺"等等，使钟大帅用武无地。据传近来营业略见起色，那倒要看钟标老夫子的"回光反照"了。

回过头了跑进广西路的新华，这一家小兄弟中的老铺子，倒依然精神矍铄，创办当年，听说仅花资本一万余元，照现在市价，只能购得五吨烟煤或者十六担白米，因此做股东的，无不满载而归，以本求利，以利再放本（已数次扩股）。至于营业，近来在十家中只能与荣华并肩作战，过去几只脍炙人口的名菜，如烟炝鱼、葡国鸡之流，大概上海人也吃厌了，何况处处都有，多了也不稀奇。

京华梁炳红棉黄

从广西路直捣四马路，进了京华。京华最大的特点是厨子梁炳的好身手，四只热炒尤见"眼儿美，美在眉"。据说梁司务的"热炒"，倘有心人每天去吃他四只，可在一月中不炒"冷饭"，那真的"花样百出"，叹为观止了。所以它的营业数永远在第二三四位，梁炳之功，高于一切。还有，京华的咖利鸡大包，比谁家都好，这一点应特别介绍的，可惜现在恐怕也受珍珠米粉的影响。

离四马路到大世界，光临红棉。红棉之与上述三家不同点，在于该店是本地人的资本，广东人的做手，与上述三家纯粹广帮有些差异，记者特地要指出这一点，是要说明的本地人开始投资粤式菜馆，实以红棉的董事长盛丕华君为嚆矢。

盛老眼光极锐，当时他在钟标大本营里，从五虎大将中，竟挑去了黄庭伟，按黄君办事经验与才干，确乎高人一着，无论内政外交，在该圈中可称魁首，昔日新亚成功，也可说是黄君有与大力。红棉处地虽不佳，而又受外界"高价"的诽议，但它居然在营业纪录中占十大家之第五位，可称极"逆来顺受"的能事了。

谈到红棉，我要替红棉诉"贵怨"了。很多人说"红棉价太贵"，实际上，科学些说法，红棉贵是贵的了，但并不像普通人脑海中这么贵法，其实这几家中定价的相差不满一元。但红棉之所以示人以贵的理由，第一当初开幕时，有几种名菜确乎较贵些，但近来因为缓涨的关系，所以与别家也相差无几了；而第二理由，却是客人自己太阔气，坐稳台子不看菜谱价目单，而侍者也太会做生意，听得客人说一声"随你配几样"，于是"鲍片""龙虾"整得满桌，回头一算，二个人吃了三百三十六元四角。所以吃客务须小心，入关问津，坐下来，且叫侍者拿一本"价目表"来，保你不至于向"腰包银行"透支的了。

静安寺路朝东跑

由红棉驱车西向，到了斜桥弄口的美华。美华之最令人可爱处，与其说内容，不如说外表，堂皇大方的门面，邮船式的屋形，高尚的对邻，与那豪阔的停车处，在在足以显出他"大户人家"的气派。其实内部却装修得并不考究，决非红棉、京华之对手，但美华取价之公道，与座位的宽舒，却又非他家所能及的了。

另一点美华与他家不同的，即美华又比红棉进一步，是本地人投资、本地人管理的广东菜馆，董事长为李祖莱先生。

上海国际大饭店门口，刊载于《中国石公司特刊》1934年

美华朝西，既无第一流菜馆，于是向静安寺路朝东跑，第一家到了国际，国际中菜，除了因"国际饭店"牌子的关系外，还有第一流的条件，是座位比任何一家都舒适与华贵。大司务麦朝，从前是旧"新都饭店"的当手，手下也不乏名将。

国际东邻金门，在钟嘉禾的领导下，营业极佳，这位钟君，倒比上述钟君更为神通广大了，听说他放了剪刀（从前南京路嘉禾商店经理），拿起菜刀，照样长袖善舞，不管他"礼服""喜酒"衣食住行，他说"行行皆内行"的。

跨出金门重回南京路，到了后起之秀的南华。截至目前为止，南华为几家中最大资本者，由新华一万五千，至京华七万，至红棉十万，至美华二十万，至荣华四十万，南华却为六十万。而其布局，却又别具作风，即投资者与管理者，广东本地各占一半。南华赖广泛的交际，近来营业，仅低于新雅。门面装修与内部布置，皆不惜重价。董事长徐大通，想为沪地人士所热知的。

本篇终了谈新都

出了南华，不久我们可到新都去吃一顿夜饭了。新都系老店新开，在新新公司六楼，从前有玻璃电台的那一块地方。它与国际、金门既同样的朝南而又摩大，面又对着新雅、南华与新荣，所以记者在未调查得新都内幕，而骤听见它在未开幕前，股票竟由票面一百元涨到一百六十四元，不禁替股票商捻一把黄汗。但股票商究竟是股票商，原来他们比我早已"算盘通天"了。据记者向各方调查所得，这家粤菜馆在各方说法，确乎可称空前，因为它既具有先天的强壮，后天自然有向好的可能性。资本，单单在六楼中菜部分，准备有一百六十万的固定数、五十万的流动金。七楼西菜部分，还准备由该公司拨款一百万，把它全部修正。人事，据调查所得，系调集上述九家中的最优秀分子来演出。单说厨房阵线，将打破任何一家纪录，汇集上海第一流粤菜馆中的三个大司务，与四个二司务来组成第一道防线，再招得第二流酒菜馆中的大司务来组成第二道防线，至于侍者大概也不出用上述公式所算出来的阵线吧。

再说到流线式的最新型餐座，用具，全部属于不惜高价之至尊品，冷气水汀，灯光音乐，无一不止于至善，而尤其听说所需要之原物料，早于去年购入大部。诚如此，以成本说法，将来定价，当不至于高昂，况主持人董事长李泽的精擘善干，与其信用名誉，为当代所热耳的，其前途殊未敢限量的了。

原载《申报》1942 年 6 月 3 日第 5 版

谈新的新都饭店

熟客

当一张新的影片问世时，假如值得批评或者介绍一下的话，那么一家新开的酒菜馆，我想也值得这样做，反正它们同属于繁荣都市社会的事业。而投资者所花的资本，后者还高于前者，那么尤其在目前新的影片销声匿迹，相反地大的酒菜馆却前拥后挤地开设出来，我以影评人的资格，来充一下"菜评"人，未始无"投机"的小聪明吧。

丢弃了旧貌

被火所毁灭了的新都饭店，明天又将与沪地人士见面了。火，那个怪厉害的家伙，真可怕，它烧去了她的一切，从天花板到地板，什么都没有了，甚至连高矗在南京路贵州路那屋顶上的"新都饭店"招牌，也烧得焦头烂额。

但，别担心，世界上还有比火更厉害的家伙，那就是年青人，有一点傻气与雄心的年青人！你看，他又干成了新都饭店。那是新的，完全新的，新都饭店她非但丢弃了旧貌，除却了前时代的桎梏，而且在同业群中，说她是远东的领袖，该是并不夸张。

新的新都饭店在新新公司六楼，依据该公司的命名"日日新，月月新"。的确，新新公司近年来正和着新的路上跑，而这次居然又吸收了大批海上办理高尚酒菜馆的专家的，来恢复新都饭店了。

理想的酒菜馆

从贵州路或者广西路的电梯上去，直达六楼，就是新都饭店。这是边门，也可从商场中二架大电梯上去，那是正门。跑进门，第一件事使人舒服而且感到惊异的，是全部和悦的灯光，这是由刚由美国康奈耳大学研究光学将来的 KY 汪工程师，与萧宗英氏所合作的作品。当然，钞票也花了可观，听说全部天花板与灯光计费十七万有余，这种设备，想是全沪菜馆中所仅见的。

冷气，又不惜工本，永远是旧金山（San Francisco）的天气，七十六度。新都没有夏。水汀也已全部装妥，该是也没有冬了。这二项，据说又花了六十多万。

精研酒菜馆学

但这么庞大的资本数，业已动用了三百万储钞的新都饭店，怎么为合得商业赚钱律呢？但该饭店经理李贤影君所告诉我的是可爱而可敬的："我们有点傻，我们单思创造一所我们理想中的酒菜馆，别的不计。"李贤影君从前是本埠某有名小型报的记者，中央大学社会学系出身，对于旅馆与酒菜馆学，素有研究，尤长于理论，去年还跟随毕业于维也纳大学旅馆学系的西人伊立克氏攻读这门学问，曾供职新亚大酒店，并先后创办宁波花园饭店与上海美华酒楼，富有创造性，肯苦干，活像广东人，但他却是宁波人。

真善美三原则

据李君谈，他把"真善美"当作服务的信条，他说要真的菜之不要专门用味精。他也老实说，在低价的菜肴中，不得不用味精之流，但在比较高贵的菜中，譬如四百元一桌吧，他就要尽量避免味精之类的东西。

侍应是第二件注重的事情，完全用"善"一个字来做鹄的。善意侍人，不是为了"小账"来应酬，他用美国研究旅馆学专家的乐门原则，即：①本饭店以使顾客乐意为营业之门；

②凡未得到乐意之顾客不让他出门；③凡不能使顾客乐意之侍者不让他进门。

设备是第三件应注意的事，应该处处注意配合的美、统一的美，与调合的美。因为一家酒菜馆的美的表演，不是单纯的，都是综合的，从大厅中的挂灯，一直到女侍者的鞋跟，应该有一些可以合得来底美的观念。而且一物之微，除了外表的美之外，这要注意用料是否高贵，给与享受者的舒服到何种程度。

仿古与流线型

东西二角有二个大餐室，经特别设计：一个叫古代厅，装置用具，完全古色古香；一个叫现代厅，完全流线式，是范文照建筑师与吴汉民工程师所绞尽脑汁的作品。吴工程师为现代作品建筑师中之新进优秀人材，作品崇尚在简单线条中抽线美的点数，尤注意极细微处的归纳，能自其说。你能在全新都饭店中，发现有很多特殊的笔法的，新都还有西厢小座。西厢，这个名词怪可爱的，听说新都将来还有一只名菜，也将叫做"会少离多"。这倒可称两艳。西厢，据说是供给专门寻求异性安慰者的小酌之处，在两边，往来无白丁，可以谈谈情，光线既好，座位又舒适，而尤其自电梯出来，可毋须经大厅广众之下，而径入西厢的，比之于当年张生须越高墙，不知要幸福多少了。

艺术化科学化

全部沙发餐椅，羊毛地毯，金银餐具，式形是完全超脱旧样的，色泽又极合艺术的条件。选料既极高贵，因此，比之于一般人家只知把红绿颜色的东西搬了上来，就算"富丽堂皇"，那是不可同日而语了。各处布置盆景，由莳花专家卡德路"香雪园"主人周瘦鹃氏设计。音乐，据说将来除选好旋律的爵士音乐外，每周间或有古典音乐贡献给顾客，那又是一种特殊点。还有油画是画家方雪鸪的著作。

除了这些，记者还须特别提出几点，是该饭店实行科学管理，每间餐房的电铃，都有直线通管理处，倘客人第三次揿铃而侍者不进来，管理处的该号红灯就亮了，有这方法管理，侍者就不敢偷懒；还有，直接装有通话筒到厨房，可以随时催菜。

电话，每间大房都有，全店有机十五只，并每房间附有衣帽间，这恐怕又是全沪酒菜馆的新纪录了。当然有这样多电话机，各部分也易于实行科学管理了。

菜谱，除广东菜外，还有四川菜、宁波菜，与苏州菜。

至于菜烧得快否，据李君说，他限制每只常备菜，在客人点就后七分钟内端到客人的面前。

菜馆史上的杰作

总之，新的新都饭店，动用了十几位的专家，经四个月的筹备，花了三百万元的储钞，所给与我们的观感，委实不凡。我们若说状元楼、鸿运楼之类在酒菜馆的发展史中是属于第一期的，由味雅至新雅、京华、红棉等是属于第二期的，那么新都应该属于第三期的第一件作品。

原载《申报》1942 年 7 月 29 日第 5 版

吃在上海

《申报》特辑

据说咱们中国，是一个以"吃"著名的民族，从物质的吃，一直到精神的吃，无不兼收并蓄。大鱼大肉固然爱吃，甚至连从事教育也叫做"吃"教书饭，连信教也叫做"吃"教。而在上海这些大都市里，到处都可以享受你所要享受的口福。这原是"吃"的都市呵！办完了公，走到马路上，想找个餐馆来填饱肚子，或是约了几位朋友，想出去低斟浅酌一下，若是你对酒馆饭店不大熟悉的话，你准给炫目的市招，菜肴的香味，搅得糊涂。酒馆饭店，马路上多的是，什么广东菜、北平菜、四川菜、河南菜，甚至印度菜、马来菜等，五花八门，然而，酒馆饭店虽多，良莠却有不齐，碰着好的，自然尽量享受，满意而返，碰着不好的，花了钱还不算，换来了一肚子的不舒服。

最好，你先打听明白某一家食店是特别擅长某一种食品，如某一家以挂炉鸭出名，某一家以炸排骨出名，某一家的面食特别可口，某一家的咖啡特别讲究，打听明白，那么在选择饭店时，先已有一个大致的观念。

注意那些门面神气，家具考究，侍役制服漂亮的餐馆，不一定就会有好的食品，也许装修外观的钱，常会在食品方面取偿的。有些简单粗陋的食店，倒常会有意外精美的食品，当然，碗碟必须清洁，地板桌椅也要干净，卫生毕竟要紧！

　　先看门前的菜牌子，菜色是否合你的口味，免得进去坐了下来，却觉得那些菜都不合口味，平添许多麻烦。在食单上，你常会看到不少离奇的菜名：什么"神仙饭""爵爷鸡""踏雪寻梅""母女会"等，虽然有些的确美味，但你应切记你来这里的目的是吃菜，并不是吃菜的名称。新奇的菜名，并不一定便是新奇的食品，不要被餐馆老板所玩弄！

上海的糖粥摊

留心你打算进去的菜馆，如果闻到一股浓厚的油炸气味，那么还是劝你过门不入，因为油炸的东西，烹调起来比较可以马虎些，迅速些，而且不大新鲜的食物，也可以用油炸来掩饰一下。上等厨司，是常以烤、炙、炖来烹饪的。

以"舞蹈表演""名歌手演唱""爵士音乐""女招待"等等号召的，不少是为了食品不足动人的缘故，纯粹为了"吃"不必踏入这类餐馆，如果为了"声色自娱"，那当然又作别论。总之，你得打定主意，你到菜馆中的目的是为了"吃的享受"，其他一切都丢开！

"吃"的享受

要"吃"，请到上海来。俗语说得好："着在苏州（一说杭州），吃在在广州。"不错，苏杭乃产绸之区，可是他们的衣着，未必比上海人来得漂亮、华贵。广州的吃固然闻名，然而在广州，也毕竟只能尝到本乡风味。只有上海，才集"吃"的大成。

这儿有粤菜馆、闽菜馆，川菜的长凳上吃着阳春面，甚至在大菜馆、平津馆、苏锡饭馆、镇扬点心、徽州杭州的馆子，以及其他各省人开设的馆子，应有尽有！这儿可以吃到四川泡菜，吃到广东的叉烧，吃到南京的板鸭，吃到杭州的醋溜鱼，吃到河南的铁锅蛋，吃到福建的西施舌，吃到镇江的煮干丝，吃到江西的甜火腿，吃到……不论"南甜北咸，东酸西辣"，这儿都有！

这儿有十几层的大酒店，有本地风光的菜饭馆，有装潢别致的西菜馆，有面食店，有茶食店，小吃，包饭作，咖啡茶座，几百种不同方式的营业场所，正在为全市五百万人的"吃"而活动着！

"吃"是人类的本能，是人们必不可少的活动，同时，也是一种享受！一种应有的享受！

穿着毕挺的西服，在高贵的餐厅里啃着火鸡腿，和坐在小面店饼摊旁嚼着大饼，在"吃"的意义上，是丝毫没有甚么不同之处！

旧历年底又快到了，年夜饭，春酒，家家户户又该为着"吃"而忙起来吧！马路上的菜馆更其显得热闹，店门口挂着的鸡腿、腊肠，也似乎更引诱起行人的食欲。

谁不想痛快地"吃"一顿？谁不想让自己的肚子得到最舒服的享受？若是你的钱袋许可的话。

西菜

凡常住上海的人，除了生活过分低下贫苦的不计外，差不多喜欢跑跑西餐馆，所谓"吃大菜"是。说起来，西菜确比中菜经济些，现在一般人家举办喜事，也是西菜飨客的较多，不过也有一部分人，以"吃大菜"为荣耀的，这不免带有要不得的国民劣根性。

最初上海西菜，不过供应外侨，像礼查、汇中等，都由外侨经营，国人之好时髦者，亦偶尔光顾。其后外侨来沪者日增，吃西菜之风，亦较普遍，西菜馆相继创设者不少，其中也有由国人经营的，橘逾淮而为枳，西菜到了上海，已变了质，除由外人指导烹调外，许多中国人所弄的西菜，皆富有本国风味，以配合中国主顾的口味。

轮渡码头的水上饭店，刊载于《良友》1936年第115期

西菜也有许多式样，正像中国菜有粤、川、徽、闽之分一般，较盛行者，为德国式和法国式。法国本以烹调精美著称，昔日上海麦瑞西菜，名闻一时，可作为法国菜的代表，麦瑞停业之后，水上饭店、新都饭店，都假名麦瑞厨司，据说上海西菜名厨，十之八九为麦瑞所传授；至德国菜在上海，像来喜、华府等，也会受一部分人欢迎。

目下上海的西菜馆，就其性质言，可约略分为三个区域：福州路西段近跑马厅一带，这一类的西菜馆，像大西洋、中央、新利查、晋隆、印度咖喱饭店等，专供上海一般享乐男女去请教，所以它们的生意，大部分在晚上，但也有机关团体的宴会；外滩四川路一带的西菜馆，那是多得数不大清楚，有的装潢考究，气派华贵，有的却因陋就简，布置朴实，这类西菜馆的生意，大都靠写字间里的人员，所以公司菜的价格，差下多很一律；至于霞飞路一带，完全是俄国菜馆的势力。其他还有散布各处的小西餐馆，那是广东店的附属品，不能列入西餐馆之内。

目前，西菜业生意还算不错，尤其是国人崇尚"美化"的时候，"欧美大菜""丰腴适口"等的字样似乎更能吸引国人了；至于"罗宋大菜"，则因售价较平民化，类为公务员及学生们所欢迎。

三十二围扦的盛筵

昔日酒席，注意围扦，围扦愈多，愈足表示其高贵。所谓围扦，乃是水果糖食，上置竹扦，陈列四周。最起码的筵席，只设四荤盆，不用围扦。稍丰者始有入围扦，即四荤盆之外，再加两水果两干果。更丰者十二围扦：四荤盆，四水果，两干果，两糖食。多则十六围扦：荤盆、水果、干果、糖食各四碟。每逢喜事款待上宾，有多至三十二围扦者，每碟双拼，名曰"鸳鸯碟"，十六碟成三十二色矣。围扦一多，往往无处陈列。此风盛行于光绪初年，庚子以后稍杀，围扦以十六为度。民国以来，打倒满汉筵席，围扦亦一律撤去。

船菜

船菜向来驰誉全国。吴中山明水秀，胜迹如林，从前一班有闲阶级，每逢春秋佳日，结伴出游。城乡相距稍远，河港又歧，非舟莫达。于是一舸中流，凭舷细酌，确是雅人雅事。治菜者多属船娘，颇娴烹调之术，菜极精洁。

从前大加利以苏锡船菜著称，做得十分细致，不过取价太昂，营业不盛，现已改为专办喜庆筵席的苏式菜饭了。后来又有一家绿舫，同以船菜相标榜，今亦关门大吉。这颇有诗意的船菜，目下上海人是无福享受了。

雄视同业的粤菜

粤菜在今日，无疑地是酒菜业中的巨擘，本来"吃在广州"的一句话，是够诱惑人的了，何况烹调确是精美，"色香味"俱臻上乘，不特广东人忘不了他们的家乡风味，即各地的人也无不跃跃欲试，加以粤人长袖善舞，扶其雄厚的资本，完善的设备，使粤菜营业，蒸蒸日上。今日上海第一流的菜馆，几乎已是清一色的粤菜馆，尤其是"华"字辈的几家酒家，杯盘精致，排场阔绰，更足傲视同业，够得上华贵两字，但菜价高昂，也不免令人咋舌。二十年前，一席猴脑或烤猪，已非千金不可，照今日的物价算起来，恐须数百万，甚至数千万了。广式菜馆原有大小之分，规模宏大、设备华丽的广东菜馆，固然一席千万，使穷小子望而却步，但也有很简陋的小馆子，照样可以尝到粤菜风味，虽然菜有精粗，味有美恶，但价格和大馆子比较起来，却"相去不可以道里计"。

考广式酒家，起先在上海，原不甚发达，像从前在北四川路上的味雅、会元楼、西湖楼、洞天等店，规模虽然够伟大，但顾客只限于旅沪的粤人而已，外帮人是绝少去光顾的，即是小吃，没有广东朋友的引导，也不敢去上宵夜馆。

那时的粤菜馆，约略可以分做三种：一种是高等的，如会元、岭南、西湖等酒楼；一种是适宜于小酌的，如味雅、橘香之类；又有一种西式的小"大菜"馆，在当时也颇受市民的欢迎。除了第三种全市皆有外，其他两种，都集中在武昌路、北四川路一带。当经济恐慌的潮流袭击上海时，一般高级广式酒家，因为开支浩大，而营业又不振，支持不住，都纷纷改组。次等菜馆便应运而生，一变以前方针，竭力将菜价减低，促成其经济化和零卖化。果然，在这样一改革以后，上海人对于粤菜不像从前那样趑趄不前了，而粤菜业也就此交上了好运。

　　所以粤菜馆的发达，还是不久的事。抗战发生后，虹口成了特殊区域，本来聚集在那里的粤菜馆，纷纷迁移，南京路和福州路成为大广东馆的集中地，如新雅、大三元、味雅、冠生园等皆是。永安、先施、新新、大新四公司，因主持者全是粤人，所以附设的菜馆，均以粤菜为主。嗣后红棉、南华、荣华、美华、京华等先后成立，由于设备富丽，资本雄厚，经营又得法，业务蒸蒸日上，甚至要找一家宴会场所，非到粤菜馆中去找不可。第一流的馆子，几为粤菜业所包办，像金门、康乐、红棉、大三元、新雅、美华、新都、杏花楼、南国、大东、万寿山、五层楼、京华、荣华、新华等，均粤菜馆中之佼佼者。国际饭店的中菜，也属于粤菜一派。其中以杏花楼的历史为最悠久，迄今已三十年了。至于中等以下的粤菜馆，那是每一条较热闹的马路上，都有一两家，爱多亚路一带，满目皆是。胜利后的北四川路，小型的粤菜馆，也恢复了战前的盛况。

其次该讲粤菜的内容了，粤菜烹调精致，早已脍炙人口，像鱼翅、鲍鱼、信丰鸡等，有口皆碑，不必细说。几样炒菜，不仅味鲜可口，即颜色之美，亦令人垂涎欲滴，几个名手厨司，更是花样百出，假如有人每天去吃他四样，在一个月内，决不会炒"冷饭"。冷盘在粤菜中虽不十分讲究，但柱候卤味，明炉叉烧，也是大家所熟知的。其实在广东，吃的东西很多，果品中的荔枝、柑橘称为珍品，点心中的叉烧包，茶食中的鸡公饼，也颇特异，不仅在菜肴上出名也。

粤菜之得名，不在"精"，而在"奇"。猫狗蛇猴，均为佐餐佳肴。尤其是蛇肉，可以煮出许多名称来：如同鸡合煮的叫"龙凤会"，同果子狸合煮叫"龙虎会"，有用三种蛇合煮的叫"三蛇会"。在广东馆子门前，时常可以看到"今日准宰金钱豹"等的字牌，这就是通知顾客本日有新鲜大蛇应市。

据善于吃蛇的广东人说，蛇肉非常鲜美，并有祛风、去寒、活血、强身、润肤的功效，所以每到冬令，非吃不可。在粤菜馆的玻璃橱窗内，常有蛇陈列着，蠕蠕地在铁丝笼中活动，外乡人看了不免胆怯，但他们却司空见惯。剥了皮的蛇肉，洁白肥嫩，使粤籍老饕们垂涎三尺。蛇胆又能明目，对于人体大有裨益，一杯膏浆，滴上几滴胆汁，那碧绿的颜色，也是怪动人的。广东本有一种专吃蛇胆的风气，其法将活蛇用很纯熟的手法，把它的胆取出来，说来令人可怖。

猫和猴子，是粤菜中的珍品，在那些专卖野味的广东馆子中，用着广告，大大地宣传，"今日宰猴大王""滋补老黑猫"上市，用红纸写着斗大的字，在门口张贴着。吃猴脑是很惨的一件事，一张中央开洞的桌子，猴头刚露在外面，那圆溜溜的眼睛，向四周的座客呆看，尚不知死之将至。其时用铁锤将天灵盖击破，大家用匙来勺脑汁吃，那猴子的哀鸣，有点"闻其声而不忍食其肉"，但好尝异味者，却满不在乎。

其他如龙虱、桂花蝉、禾虫等，都是难看得怕人的东西，但粤菜中亦视同珍品。"吃在广东"，斯言非诬，而粤菜馆遍设于海内外，既因粤人善于经营，复因菜多特色，营业发达岂偶然哉！

教门馆中涮羊肉

回教徒不能吃普通菜馆里的馆馔，于是有专为回教徒而设的菜馆，称为教门馆，如春华楼是也。那里一切遵照教门规则，菜肴是很洁净的。

教门馆以牛羊肉闻名，尤其在这吃羊肉的季节，像南来

紫铜炭火锅涮羊肉

顺、洪长兴的涮羊肉，颇为人所称道。炉火熊熊，浓汤欲沸之时，把红白相间的花肥羊肉，用筷挟着，在沸汤里涮上一涮，渍着酱油，酱豆腐露，和其他酸辣香甜的佐味材料，自然芬芳扑鼻。此时一杯酒，一筷肉，且食且饮且谈，真是"此中有真味，欲辨已忘言"了。

异军突起的川菜

川菜的特性，尽人皆知。那种特别的辛辣味，刺激着食客的味觉，使人吃起来觉得又舒服又好像有点难过，有时甚至吃到舌头痒，嘴巴痛，眼泪直淌，但是还舍不得放下筷子，这便是川菜的魔力。这一层，上过四川馆子的人都领略过。川菜中自然也有一些没有辛辣味的，但因为烹调的别致，同样有它的特性，这对于吃惯了本地菜的上海人拿来换换口味倒是挺不错的，据说，有些川菜馆里，还不时有外国主顾光临！

川菜在上海流行，仅不过十年间事，可是它那清腴辛辣的滋味，已诱惑了不少人，有一度居然成为最时髦的菜馆，素为上海人所欢迎的粤菜，反屈居其下。现在川菜势力，虽已退居粤菜之下，但仍不失为菜业中的一支劲旅。在昔川菜全盛时代，广西路小花园一带，有好几家川菜馆，华格臬路[1]八仙桥一带，竟变为川菜馆的天下。每当华灯初上之时，车水马龙，座客常满。川菜最早成名的是"都益处"，那时的确震动了上海的老饕们，此后广西路的"蜀腴"、华格臬路的"锦江"等，相继而起，于是别有风味的川菜，才为沪人所重。香酥鸭、贵妃鸡等几味名菜，便流行一时了。

川菜馆里，女老板独多。锦江经理董竹君，原籍江苏，于归四川，故以川菜闻名。梅龙镇上座客，颇多艺术界中人物，这是因为女主人吴湄，有声于话剧界的缘故。新仙林隔壁的上海酒楼也是女主人，乃画家朱尔贞、朱蕴青所设立。艺术家和川菜有缘，她们都是有修养的人，经营方法，当然与众不同。

川菜不仅别有风味，即名色也十分别致，像"姑姑筵"，就是一个很动人的名词，在抗战几年中，轰动了整个山城，西上避难的下江人，一有钱都要想尝些异味。"姑姑筵"是

---

1. 编者注：华格臬路即今宁海西路。

一位名叫王老太爷所创制的，他曾做过一任知县，当过前清慈禧太后的御厨，烧得一手好菜，可是菜虽做得好，脾气却很特别，他又不靠此营生，高兴时答应下来，不高兴时便拒绝了，价目则特别昂贵，在抗战初年，每席已非三数十元至五六百元不办。但据说不论贵贱，菜实在是差不多的，不过没有一样不可口，没有一样不出人意外而已。这位王老太爷，的确是易牙再世，可惜现已去世，但姑姑筵却已搬到了酒菜馆中，谁都可以问津了。

扬州地处长江运河之交，昔日海运未通之时，实为交通要冲，又是盐商麇集之地，故饮食亦极讲究，肴馔点心，莫不精美。上海亦有扬州菜馆几家，大都兼卖点心，而点心营业，反胜于菜肴。近来扬点和川菜，好似结了不解之缘。有几家川菜馆，像绿杨邨等，大都兼卖扬州点心，"扬点川菜"，合为一词，人人皆知。成都的小吃，也是很有名的，他们为什么不卖川点呢，是上海人不欢迎么？上海人好尝异味，经营川菜的老板们，大可一试。

北平菜

早年的上海，民风崇俭，菜馆除本帮外，只有徽宁两帮。直至租界开关，始有各地菜馆，其中以北平菜，当时称为"京菜"，营业最盛，取徽馆之地位而代之。官场酬酢，京菜最宜。首创者为新新楼，在今南京路新新公司对面。此乃同治年间事，北平菜在上海，即在其时奠定基础。

平菜馆的营业，日盛一日，相继开成者亦渐多，至民国初年，四马路一带，几乎全是平菜馆的世界。直至粤菜馆兴起，改良营业方式，食客遂舍平菜而趋粤菜，平菜营业，逐渐下落。但今日平菜在上海，仍有一部分势力，如规模较大年代很久的会宾楼、悦宾楼等，已设法改良，兼顾外表，不单从质的方面取胜了。

南甜北咸，平菜以味咸为主，但事实上，并没有平菜这一种特别菜色，只因当初北平乃帝王之都，开封、广州、四川、扬州、福建等各地特色的厨师都汇集一地，各使手段，在王侯之家，争个高低，结果逐渐受了城市风的洗炼，制出了非在平菜馆中就吃不到的口味。譬如像开封的名菜，倘到开封本地去吃，却只能尝到粗劣的乡下味道，断没有平菜馆中煮得考究入味。其实沪上平菜，乃是山东菜而不是北平荣，山东菜又分登州和济南二种，上海平菜乃登州菜的变相，去其糟粕，存其精华而已。

平菜自受粤菜打击后，竭力改良，终不能恢复昔日之盛。然大宴会中，平菜虽敌不过粤菜，可是在小吃方面，却足与粤菜匹敌，比川菜要有势力得多。平津良品，以面食为主，售面食而兼售菜肴的，不知有几百家，其中三和楼规模最大。

中的小的，遍布在大世界附近，门口挂着熏腊，煮着锅贴，蒸汽腾腾，十分热闹。老吃客，一定还知道一爿甚为著名的平津小吃馆，叫做"吉升栈门前的小馆子"，在福建路福州路南的一个弄堂里，因弄内开着一爿吉升栈房，故有此称，其本名为"福顺居"反而不为人所知。上流社会的人，不因其设备简陋而裹足，店里还保持数十年前平津馆的习俗，没有账单，全靠堂倌口报。

徽菜在没落途中

"无徽不成镇"的黄金时代，早已过去，上海的徽馆，也渐趋没落了。不过徽馆在上海，已有很悠久的历史，在平菜未盛行前，全是徽菜的天下。今日徽馆因抱薄利多卖主义，故仍拥有不少顾客。

徽馆的范围，总是不大不小，介乎中庸之间。在上海，徽馆的踪迹，是不难找的，这类馆子中，有一特色，就是里面除却厨房间的庖丁以外，其余账房间、跑堂、打杂伙计等，无一不是徽州人，有着浓重的地方风味和保守气息。

徽馆里最擅煎炒的拿手菜，是清炒鳝背、炒划水、炒虾仁、炒鸡片、醋溜黄鱼、煨海参、走油拆炖、红烧鸡、三丝汤等。如果踏进徽菜馆要点菜的话，上列各菜，照着各人的胃口点去，确是他们的拿手杰作。

当徽馆全盛时代，沪人宴客，不用全翅，而以三丝三鲜为主菜。三丝刀锋齐整，汤汁浓鲜，略加鱼翅者称为翅丝，价较昂贵，配置则特别精致。三鲜中鱼圆嫩而肉圆细，入口即化，配以海参，谓之参鲜，火候到家，故不生硬。皆是徽菜精品。

一般徽馆在早午两时，还带做些面点生意，像火鸡面、划水面、鲜汤螺仁锅面等，东西很地道，而价钱也相当克己，老饕们最为欢迎。还有一种特别菜，即大血汤，烧得非常地道，据说，这血汤收入是归入伙计名下的，由老板垫本，卖下来的钱，除去了本钱，利益由伙计们分拆，所以伙计们对于大血汤的生意，特别巴结一些。

上海的徽州菜馆，早年南市大鯆楼，与前法租界的醉白园均颇有名，其萃楼及聚宾楼和聚乐等园，皆在其后，尤以大鯆楼开设最先，迄今已百余年。起先设在龙德桥如意街北口，局面不甚堂皇，座上每常客满，后来又添设分馆于中华路大码头大街西口。小吃如炒鳝糊、红烧圆菜、凤爪汤及冬令的羊膏等，别具隽味，尤以面点著称于时，又创行"蝴蝶面"，足敷三人饱餐，非常便宜，各徽馆亦均见而效之。

近年来上海的菜馆酒肆，有了很大的改革，经济菜和便宜菜，普遍流行市上，这对于徽馆最为不利。而且一般经营徽馆的，大都保守为主，不思改进，因此营业日趋衰落，其势力已远不如从前之盛了。现存徽馆，较著名的有大富贵、老大中华及鼎新楼几家。

杭州菜及其他

　　杭州西湖，名闻遐迩，"醋鱼""莼菜"便占了西湖的光。论其滋味，确有动人的地方，凡是游客，总得上楼外楼去尝他一尝。沪杭虽近在咫尺，但从前上海人对于杭州菜，却不大注意，早年大世界畔的杭州饭庄，大家不过认作一爿通常菜馆。自杭州天香楼到上海来设立分店后，杭菜始为沪人所嗜，本来天香楼在杭州，是挺有名的，上海分店，因此也同杭州一样的热闹。还有石路上的知味观，也以杭菜号召，生涯颇不恶。

　　闽菜在上海，虽仅昙花一现，但也露过头角。那时的小有天，经清道人的赏识，一班遗老们，把他当作"西山"，朝朝"寒食"，夜夜元宵。论闽菜本有特点，善用海鲜，可惜现在已继起无人了。

　　镇江亦通商大埠，吃的一道，并不后人。硝肉胜于火腿。狮子头到口即融，不烦细嚼，可惜油腻得厉害。现在上海的镇江馆子，较大的只剩了老半斋一家。新半斋已改换牌号了。

所谓满汉筵席

　　从前酒菜馆的门口，都挂着"满汉筵席"的市招。考满汉席本分等级。满席分六等，一等满席：用面一百二十斤，物品为玉露霜、方酥、夹馅各四盘，白密印子、鹑蛋印子各一盘，黄白点子松饼各两盘，盒圆例用大饽饽六盘，小饽饽二盘，红白缴子三盘，干果十二盘，鲜果六盘，砖盐一碟，陈设高一尺五寸。汉席亦分三等，一等汉席有：鹅鱼鹑鸭猪肉等三十二碗，果食八碗，蒸食三盘，蔬食四盘。

　　普通酒菜馆中的所谓满汉筵席，乃汉菜以外，另加满菜。然所谓满菜，已仅有虚名。从前请新亲上门时所用的烧烤席，或者即是满菜。烧烤席之前半席，皆为汉菜。至烧烤登筵，值席者在客座前，换上景泰窑杯，大如胡桃，满斟烧酒于中。四角分置大葱甜酱各两碟，中央另置薄饼两大碟，然后送上烧猪四盘，两肥两精，烤鸭四盘，薄批成片。同时再进满茶一道，杯为点锡所制，外镶红木，杯中满装莲子、桂圆、松子、瓜仁、枣仁等物。顶覆红绿色橘皮丝，外观颇美，座客不过沾唇而已。食烧烤毕，又易熬茶一道，味咸，似为青豆酿成，略加牛乳，此即北人所嗜之奶子茶。所谓"满汉全席"，如是而已。

原载《申报》1947 年 1 月 16 日第 9 版

海　上　食　经

大世界的吃

熊

　　大世界的吃，可以称得无美不备了，从甘草梅子五香豆起，到中西菜止，凭你选择。换句话说，你爱吃哪一样，就有哪一样。我于大世界虽不三天两头到，然而一月中也要惠临四五次。去年春季，我在诗谜狂的时候，每逢星期六日，白天进门，非至深晚不出，所以晚饭时常在里面吃。现在我将在大世界内吃的经验，写在下面。

　　西菜室的布置，如沪宁路头等车，而南京路福禄寿点心店，亦布成头等车式，然大世界创作在九年之前，后起的福禄寿，只能目为抄袭了。西菜室招待很周到，一视同仁，不像普通番菜馆的仆欧，只看客人手上金刚钻克拉的大小为标准，像我这穷措大跑进去，他们就不大欢迎了。我在西菜室，吃的大都是公司菜，所以菜名不大注意。有一次吃到一客豆蓉汤，滋味绝佳，烟黄鱼亦不差，烧来恰到火候。别的菜也还可吃，花一元二角钱吃一客公司菜还连门票，真真吃得过。我自从西菜室被诗谜摊占领后，一直没有吃到好滋味，现在西菜室已恢复了，有暇再来尝尝。

　　中菜当大世界开幕时，为春申楼承办，现改为京菜馆。所谓公司菜，与普通菜馆的和菜、广东馆的宵夜相伯仲。而我独赏识中菜馆之春卷，当春申楼包办时，春卷尤为考究。十余年前，南京路春申楼（现金城银行址）的春卷，极享盛名。几位老吃客，当能记忆。自总店倒闭后，大世界中的春申楼，便改为京菜馆，而春卷尚存春申楼余味，煎来色黄松脆，自与市上出卖者不同。

素食间闻为城内松月楼承办，不知确否。据说拌饭吃极佳，面很不差，就是太轻。老饕如我，对于素食当然不大欢迎，如要详细地写出，等我问了隔壁吃常素的好婆，再细细报告罢。

旧城内的街道，右为松月楼饭庄

髦儿戏场边之豆腐浆和油豆腐，味道之峤，无与伦比。有人说豆腐浆内有味之素，我想未必见得。味之素的代价极贵，售八枚铜元一碗，再加味之素，未免太考究了。据我观察，所用豆腐浆较别处为浓，又用上好酱油，再加开阳、虾子等附品，用如此作料煮成一碗豆腐浆，当然不鲜也要鲜了。

油豆腐味亦佳，与粢饭担边出售者不可同日语，煮得极透，如月旦先生有下无上的牙齿，也能吃得。不过我对于此摊地址，很有遗憾，因为有好多游客，很想去吃，碍于一件长衫，坐下去有些不雅，就是我有好几次跃跃欲试，但终究没有这般勇气。如果诸位要看我吃豆腐浆，总在晚上十二时许，游客稀少的时候，豆腐浆摊上面朝里坐的，即是区区。

二层楼上大鼓场边的锅烧，是仿日本料理，锅烧分鸡肉、牛肉二种，以白菜及线粉打底，价亦不贵，每客六角，极适于二人小酌。食法与广东店之边炉嫩鱼生异曲同工，堂倌将一小铜锅，置桌中之煤气炉上，先取鸡油熬溶，继将白菜煮熟，然后加汤，再以糖、盐、酱油等和入。至此堂倌之职务已尽，以后则自将鸡片或牛肉片烫食，饮酒吃饭，无不相宜，所以很受一部分游客之欢迎。我吃锅烧时，大概在晚间十一时许，作为半夜点心，二人共食，一客锅烧已足，无容再添盆菜，所费较别处一顿点心，经济得多。

大世界的营业时间，从午正十二时起，至晚一时止，中间隔一顿晚餐。游客中当然有等经济的，将点心当作晚饭的代用品，所以大世界内的点心，也五花八门。点心中当推锭胜糕资格最老，糖粥次之。大世界开幕时，我只十三四岁，当时贪玩，晚饭老不肯回家去吃，锭胜糕和白糖粥，时常惠顺，至于滋味如何，我因好久没吃，无从报告，但想到八九年前吃的味道，一定很好，所以我这里郑重介绍给一辈小朋友，你们要玩，怕回家吃饭，锭胜糕和白糖粥，很可吃得呢。

原载《大世界》1926 年 4 月 20 日

谈谈点心

陈不平

我们在饥肠雷鸣的时候，少不得要找一爿点心店，来做五脏殿的临时安慰者，不过上海的点心店，有大有小，有价贵价廉，有帮别的不同，有风味之别具，要精明熟悉，倒也很不容易。鄙人一向是点心店的好主雇，差不多天天吃时时吃，所以对于点心一道，略略知道一些，胆敢不揣简陋，和《上海常识》的读者，讨论讨论。

城隍庙

城隍庙里的点心摊花样最多，因游人如织，所以生意也很好，除了向来闻名的南翔馒头、酒酿、油面筋、白糖粥、百叶结、八宝饭以外，近来又添开了几爿蜜钱摊，各式全备，所以城隍庙点心店星罗棋布，不啻是一个点心大商场。

大马路一带之点心店

福禄寿、大罗天、快活林、四五六等等，都是大马路最著名的几家点心店，不过价目奇昂，光顾者多系中产阶级，和上等社会人物。倘抱经济思想的，还是不去为是，免得被侍者看不起。至于五芳斋、北万馨、沈大成，这却完全是苏

城隍庙小吃摊

式点心店，价钱虽贵，但货物却真不错，像鸡肉馄饨、虾仁馄饨、春卷、汤团之属，的确鲜美绝伦，津津有味，吴人食品之考究，于此可见一斑了。

北四川路一带之点心店

北四川路武昌路附近，点心店也很多，不过都是广东点心。讲到广东点心，鄙人极喜欢吃。其中有专卖小吃的曾满记、桥香两爿，最为有名，像芝麻糊、杏仁茶、稀米粥、莲子羹、鸡蛋茶等等，别具广东风味。还有广式酒楼中的星期美点，名目非常特别，耐人寻味，《申报》上分类广告栏内，时有广告可见。至于濑粉、云吞、伊府面等，尤为广式点心中最味美者。

湖北点心

湖北人所开设之点心店，专卖阳春面、汤团、馄饨等，价目最为便宜，十几个铜元可以据案而大嚼了，不过地位很不清洁，食客多系下等社会居多。

天津点心

在大世界东面有几爿天津店，专卖锅贴、水饺等一类，一般白相大世界的游客，于兴尽而返的时候，总不免去交易一番，所以生意兴隆，座客常满。忙的时候去吃，起码要等上半个钟头，才可吃到。

大新街之点心店

湖北路三马路口一段，有三爿点心店，听说是本地人所开设的，地位倒还清洁，专售鸭粥、羊肉粥，及绿豆汤等类，蛋炒饭、汤面、汤糕等也有，其中以鸭粥一项为最，别处不容易吃到，并且价目也便宜，当戏馆、游戏场散场的时候，往往坐无隙地。

新闸路之点心摊

新闸路酱园弄，有一个小小点心市场，搭布为棚，专卖馄饨、面类、牛肉汤、油豆腐等小吃品，价目便宜，问津者多系下等社会。

八仙桥之点心摊

敏体尼荫路[1]八仙桥小菜场，因下午和晚上有各种游戏的号召，所以该处点心摊极多，花式全备，像酒酿、粽子、馄饨、面食、牛肉汤，汤面饺、油煎黄鱼、烘鱿鱼等等，其他水果冷食等摊，还不在点心范围之内。

最后一句话，照上列的数家，不过是最有名最普通的几爿点心店，要知上海一埠，点心店之多，何止恒河沙数，倘要一一明了，就是调查一年，也难尽量知道。在下僻居一隅，见识有限，邀请高明读者，多多地指教吧。

原载《上海常识》1928 年第 8 期

---

1. 编者注：敏体尼荫路即今西藏南路。

吃的门坎

吃星

关于吃的问题，笔花先生已经在上期本报上说过，现在我有几种吃的小门槛，贡献给读者，不妨试试。

跑到面馆里去吃面，堂倌问你先生吃什么？你如果欢喜吃鱼面的，回头他说"本色"，吃肉面的，叫"拣瘦"，要油水多的，叫"重油水"，还有"轻面重浇""重面轻浇"这几句，堂倌听了，一定知道你是老门槛，决不会怠慢，并且照样要高声叫道"要地道些"。无论什么面店里，早晨的面，一定来得多，因早上是一本正经当点心吃的，一过十点钟，说也奇怪，一样花钱，那面就要少去许多。

到小饭店里去吃饭，最合算的要算炒肉、咸肉这两种肉，也要分出几种底，有菜底、线粉底、豆腐底，听个人欢喜。譬如你踏进饭店想吃白菜烧肉，便对堂倌说道："炒肉，三块菜底。"于是来的肉格外大，汤也格外多，因为堂倌知道你是吃精。

五芳斋的汤团，肉来得多，沈大成却不及五芳斋，可是粉却比五芳斋来得糯。还有一样，一客糖山芋，五芳斋只卖八分，沈大成却要一角二分，而且货色还不及五芳斋，这四分钱岂不出得冤吗？油面筋、白叶结要算邑庙大殿前所售的最好，租界上所卖的都靠不住；酒酿圆子靠邑庙大殿前左首的比较右首的来得有味，不信，可去一试，包你看得出左首的客人一定比右首来得多，老吃客都欢喜上左首的那一家，也是这个道理。四马路三山会馆对面顺兴馆是上海有名的老牌宵夜馆，从年初一开到大除夕，从来不关门的，因为他全靠夜里生意，时候越迟，生意越好，要算椒盐排骨、鸡骨酱最有名，滋味的确很好，吃过的人都晓得。老上海没有一个不知道顺兴馆的。这样一看，出品一定要好，不怕没人来吃。

盆汤弄先得楼的羊肉汤，在全上海要算独一无二了，价钱也很便宜，过桥每碗三角六分，盖浇三角，一律小洋。比较起来，吃盖浇来得合算。

言茂源的绍兴老酒的确是真正的经典货，不比别家有名无实，所以要吃绍兴酒还是到言茂源，现在当令的阳澄湖蟹，也要算言茂源第一，不过价钱最大，吃精朋友自己从外面买了蟹去叫他们代烧，出几只角子也办得到。日升楼、大春楼的面亦很有名，因为面条来得细，汤水来得鲜，其中要算蹄子面、咸菜肉丝面最好，价廉物美，别家所不及的。

大世界对面的青萍园，偷鸡桥的九云轩，都是出名的天津馆，牛肉锅贴、蛋肉面、炸酱都很可口，四五六、快活林、福禄寿、精美等食品公司，货色当然很好，可是价钱却很贵，门槛精的人不常去吃，所以这几家食品公司的营业，倒还不及五芳斋哩。

普通的广东大菜，价廉物美，好像北火车站的协兴、武昌路的曾满记、劳合路的陶乐园、浙江路的广雅楼，价廉物美，座位清洁，算炸猪排、鸭片饭、杂锦饭、火腿爆鱼汤，销路最好，吃的人倒也不少。顶便宜的到北火车站协兴里去吃一客炸猪排一角二分，加哩牛肉汤一角，牛肉饭一角二分，三样东西一个人吃得很饱，而且还是小洋，门槛精的朋友都喜欢上上这种馆子。

半夜里叫卖的广东馄饨，价钱很贵，东西并不好，大半是两拨人居多，他们叫的"广东馄饨"四字，是学的广东腔，其实还是柴拉……呒高……

原载《大常识》1928年第9期

都市漫话

霖

　　无论哪一个人，直接或者间接，和小菜场总有若干的关系，从老米饭青菜汤吃起，到燕翅席贵族大菜止。从喉咙进去到肠胃，再从肚里化为肥料出来，这一个大循环里，总逃不了小菜场的过程。在小菜场里，我们可以看见蔬菜鱼肉虾蟹贝介种种动植物品，各样东西有各样不同的颜色，不一致的气味，青黄亦白黑，甜酸苦辣咸，应有尽有，包罗万象。小菜场好像一个雏型的社会，错综繁复，分子最多，而且贵贱不同，阶级显明。研究社会科学的，对于社会上经济的组织，物质的支配，总得有深切的了解，才可以明白社会上种种现实状况的由来，我们到小菜场去，我们要研究小菜场里的哲学。

　　女太太们上小菜场好像上战场一样，小菜场里的菜贩们，自然都是"严阵以待"的，为了几个铜子或者几棵菜而起争执，并不是稀奇的事。伊们对于菜蔬的选择，鱼肉的拣剔，不厌繁琐，不怕费事，眼睛鼻子手指头，都是相互并用，以求最后的决定。至于价钱方面，那是比较物质还来得重要，顾客们互相探问价钱，竟和探听军情相仿，菜贩向顾客讨价，又像下战书挑拨一样，唇枪剑舌，闹个不了。等到东西买到手，精神也就差不多了，在上市的时候，没有一个小菜场里，不是闹得震天价响的，大约就是这个原因罢。

当你走过小菜场的时候，你不妨放慢了脚步，作五分钟的观察，菜贩们立在自己的摊后面，眼睛不是对顾客的篮里望，就对着自己的筐里看，嘴里一面喊着，手里还要联贯地动着，这无非是推销和招徕的意思罢了。譬如卖萝卜的菜贩，他要常常翻动那菜筐，拣最大而肥白的萝卜，拿在手掌里抛动着；鱼摊上的鱼，多半没有气息的了，鱼贩们还要卷起了衣袖，伸手在水里捞动，其实伸手到水里一捞，至少可得两三尾鱼，他却在水桶里兜上几个圈子，然后紧紧握住了一尾鱼，好像鱼要跳走的样子，出水的时候，还在那里洒动着，这无非是示意顾客，鱼是"活"的，实则鱼贩嘴里的"活龙活跳"，意思就是"不弄不跳"罢哩。

至于买小菜的顾客们，他们脸上的气色，就有种种不同样的变化。譬如一位女太太要买竹笋，伊走过笋摊的时候，脚步就慢了，眼睛望在笋筐里，打量了一会，才后问价钱，这时她

上海的小菜场

的脸色至少含有希望的表示；笋贩所讨价钱，如果过大或者奇贱，脸上的表示又要一变；价钱讲妥了，就开始拣选，如果那一只笋的头太长太老，照例要叫笋贩削去，笋贩因为削去得多了，分量就要减少，不能多卖钱，于是薄薄的削掉一角，女太太不同意，必定要他多削，这时候她的脸上就有重大的变化，因为经济的原理最简单，人家便宜就是自己的吃亏，当然不能不慎重其事；最后一步便是给钱，铜子好像子弹，决没有虚发一颗的道理。

从早上六七点钟直到上午九十点钟，小菜场里的人，进进出出，忙个不停，鲜艳的颜色和腥臭的气味，同时送到人面前来，那里面有悦目的青红色，有自然的泥土气，有可怕的血肉，有不和协的腥臊气味。小菜场的地上，十天总有十一天是潮湿的，里面的空气混浊的时候较了清净的时候多。摊菜的木架，陈菜的筐箩，都是小菜场里唯一的用器。当天还没有亮的时候，深黄的灯光下，就有许多的菜贩，挑了他们的货物，赶上菜场去。不多一刻工夫，枯瘦骨立的架子上，就堆装了不少的肉鱼，以后越聚越多，木架子渐渐地隐藏起来了，直到吃过中饭，那一副一副的架子，仍旧露骨地向着人。

除了有菜市的时候，小菜场里就一点没有趣味可言，冷清清的水门汀上，东一块湿，西一块干，四周除了一根根柱子以外，毫没有装饰。不过在早上就大不同了，一样一样的东西陈列起来，横拢的，竖放的，堆起的，平铺的，一种种都不同样。有的一个人管理七八只筐箩，有的除了一堆葱姜以外，无有别的东西。至于附带的卖家用品的小贩，也有借了小菜场做大本营的，此外糟坊、南货铺、火腿店等，更有不少棚设在菜场的附近，因了小菜场而附带产生的店铺，一时也说不尽。不过荐头店的开设在小菜场附近，间接之中实然含了直接的意思，想来决不是偶然的。

上海全市所有的小菜场，计算起来，总不下三四十处，单就公共租界而论，就有虹口、新闸、爱而近路、汇山、东虹口、马霍路[1]、百顿路、福建路、梧州路、松盘路、杨树浦等十三四处，菜摊的数目全数在四五千左右，工部局每年在各小菜场所征收的摊捐，将近二十万元，其数也甚可观了。普通的菜场只盖平屋，规模较大的就有一层或者两层楼房，大都为水泥建筑，南京路的铁房子小菜场，一部分卖"生的西菜"，虹口小菜场里面花色最多，告诉我们国际口味的地方不少。

小菜场里的情况，四时不同，菜蔬鱼肉也有时令的关系，小菜场告诉吾们气候的变换，同时也告诉吾们社会的情况，至于市政的良窳，居民的习常，小菜场更时一个绝妙的"问讯处"哩。

原载《申报》1930 年 2 月 27 日第 25 版

1.编者注：马霍路即今黄陂北路。

谈谈吃的门坎

慎敏

　　吾人且来谈谈平民式的吃的门坎，至于贵族式的山珍海味、欧西大菜，则没有这个资格，只好免开尊口，不弹高调。

　　你如果踏进饭馆，或是到点心店里吃点心的时候，就在楼下觅一个座位坐下，不必到楼上去光顾，因为楼下的菜价便宜，可称价廉物美，楼上的座位虽然宽畅，可是价目增高，小账也随之而加上一成。所以善于经济学的朋友，大都在楼下果腹，其地位虽狭窄，食客虽拥挤得不能容膝，但片刻时间，一餐即罢，既无伤于大雅，也无碍于卫生。经济的办法，不得不如此也，假如要绷场面的阔绰，身心的舒适，则不在此例。

　　还是一个小小的问题，须当注意，大凡普通馆子里的揩面毛巾，经过了数十人的揩拭，涕泗臭汗和油腻的成分，充满了尺幅大的面布，还是不揩为妙。至于规模大一点的馆子，则市货市价钱，堂倌不惜工本，既用香皂洗涤，又用花露水洒得喷香，可谓物质文明与精神文明，并驾齐驱了。

　　乡下人上饭馆，最喜欢吃炒三鲜，或是咸肉豆腐汤，取其实惠而价廉也。但饭馆中人，则以这种交易，最为硬黄，俗语所谓不是生意经也。但不独乡下人喜欢吃肉，就是劳心劳力的人们，也何会不喜欢吃肉呢，因为吃了肉，肚子不易饿的缘故。

你如果到陆稿荐或是浦五房里去买猪头肉，也有一个小小的门坎，头虽一头，而门类却分为数等，舌头为门枪，耳朵为顺风，鼻头为鼻冲，也有所谓脑角和下颏等名称，假如你叫不出别名的话，那末他们就当你洋盘了。

到饭馆里吃东西点菜，也有一定的名称，肺头叫做翰林，鸡鸭什叫做事件，猪肠叫做圈子，腌鲜叫做咸淡肉，甲鱼叫做圆菜，以及红白豆腐、油渣豆腐、炒三冬、川糟等等名目众多，不胜记载。上列的食品，老上海的吃客，大都明了，也毋庸在下赘述，因为乡下人上饭馆，尚未明白食物的别名，所以在这里连带表白一下罢了。

你如果性急而经济时间的话，那么必须找一家生意不大热闹的馆子，非但座位宽畅，而且菜肴地道，时间迅速，堂倌招待，亦极周到而谦和，非若生意兴隆的馆子里的堂倌先生，给你一个晚爷式的面孔。

街头巷尾摊上的鱿鱼，大概仇货[1]居多，因为仇货鱿鱼，发头足，卖相好，价也不贵，所以摊子上的老板，为营业关系，也顾不到仇货不仇货、爱国不爱国了。

原载《申报》1933 年 6 月 14 日第 18 版

1.编者注：仇货指敌对国家的商品和货物。

菜饭小史

熊

大约十年前，我写过几篇吃的经验，那时都谈些西菜、苏菜、川菜等，有人开玩笑，送了我个吃学博士头衔，说来惭愧，十年后的今天，每况愈下，谈起弄堂口的吃了，这虽是我吃的落魄，也同各商店大减价大廉价一样，是社会上一种不景气。弄堂口的吃，也不可看轻，此中滋味，是汽车阶级欲尝而不能的。我先介绍一家赫赫有名的弄堂口的吴记菜饭店。菜饭一名咸酸饭，是一种家常中菜肴，到了冬季霜降后，菜也肥了，肉也上市，一时高兴，吃吃菜饭，换换口味。

从前老清和坊有一家燕子窠馆[1]，老板叫阿和尚，烧得一手好菜饭，几只燕子都吃得滋味好，赞不绝口。后来老板一看，菜饭如此受人欢迎，大有可为，继把燕子窠收歇，砌了一副三眼灶头，专卖菜饭，用张红纸头写了"和记"二字，贴于后门口。现在菜饭店名某记某记，都从这"和记"二字上发源的。和记的地位僻，系专门送出，或一碗碗买，你要去上门吃，只好请立。但是有几位燕子爱吃如命，一到午夜十二时，这小小灶披间，站得转身不过。和记的菜饭经过几位燕子在各燕子窠一揄扬，顿时生

1.编者注：燕子窠馆即对烟馆的称呼，燕子即指抽鸦片的烟客。

意兴旺，利市三倍。也有人加入资本，在清和坊沿街，正式开了爿和记菜饭店。这个菜饭店是现在一般菜饭店的鼻祖。虽然目下出名的菜饭店是吴记，如故与和记一比，只好称声起之秀。

和记现在关之久矣，什么原因？大约内讧而已。自和记关闭后，吴记独享盛名了。在和记黄金时代，一时菜饭店如风起云涌，五、六两马路即有十余家之多，六马路一家棺材店，亦划出一部分卖菜饭，也可想见其盛况了。菜饭能得人欢迎，在乎猪肉烧得透而入味，和记起始出卖只有猪爪四喜肉，后来各家有排骨鸡鸭等。直至现在，连烧甩水、炒虾仁都有，我想不久的将来，一定有爿摩登菜饭店，带卖白搭土斯、来路牛尾汤。这种发展，恐阿和尚所意料不到的。

"吴记"得独霸一时，亦非偶然，店内有三个人才，一个叫秦继根烧菜饭，一个叫王巧林烧浇头，一个叫叶柏生做堂倌。继根烧菜饭极有把握，不烂不硬，恰到好处。一锅卖完，底下一张饭衣，不焦不枯，有很多顾客，候到这个机会，讨块饭衣吃吃，据说香脆喷松，与平常饭衣不同。王巧林是个麻面大块头，他烧出来四喜肉，色彩鲜艳，浓烂入味。柏生他在菜饭界中，有排位的。他首推一种喊法，若猪爪和四喜肉双烧菜饭，他只喊二字"爪四"，添饭五分，加块四喜肉，即喊"添五加四"。现在菜饭界三杰，因在吴记发生小账问题，已脱离吴记，另开一吴记，在五路电车路口，几位吴记老主顾，被带去不少。

原载《时报》1934年1月26日号外

在大食堂

老饕

上海大食堂，闻名已久了，到了今日方始去尝他们的滋味，吃了以后，再来饶舌，似乎可以不必了。这个，我并不是强辩，在老吃客门槛精的朋友们，新开店大赠品的时期，都裹足不去光顾的，因为食客一多，菜肴难免不周到，调味方面不能兼顾咸淡，假使与他们讨论讨论，或知照他们如何改革，客气一些，道歉对勿住，不然，或许要受白眼呢。这些，与大食堂无涉，不过，是吃的经验之一而已。

大食堂的布置，果属摩登，分西菜、中菜、小吃，划分三层，最高的第三层是西菜，底下兼门市的是小吃、饮冰室，酌乎其中的是中菜部，曲折的楼梯，玻璃的壁灯及挂灯，都含有图案式，白色的台布压着玻璃，油渍再亦不会沾着了。招待蓝白对搭，白的是男性，蓝的是女性，假使以一个适当的比例，男的是细崽，女的是魔术师的助手，然而形色上的美，与实际上的吃有何关系我却不知。

"取消加一"的广告，早已印入我的脑筋，大表吃客的同情，那种莫名其所以然的"加一"，简直要使人少光顾几次，还有小账的问题，亦是很麻烦的，现在大食堂竟然想得到在每只台子的玻璃底下压着一张纸条，分着两行，写着八个字：

"小账随赐""取消加一"。"随赐"当然随吃的本人的高兴为标准，赐与不赐，没有强讨的理由。欣然坐下，茶水手巾纷至沓来，揩过手授上菜单，蓝白侍者两旁侍立，悉听我们吩咐，威严十足，招待周到，使我受宠若惊！一时难以启口，就说道："放在这里吧！我们点了再叫你。"先对当日的菜单上看了一看，只见写在镜框玻璃上的大标题是"和菜"，两字下面的是价目，分着三档：五角、一元半、二元半。我们两个人吃，倒有些为难。再翻如蓝色小丛书般的菜单，其中项目分汤、炒、冷盆、蒸点、面食饭、酒等七项，依次看下，最贱的是两角，如榨菜蛋汤、炒蛋；炒蛋加虾仁，要六角五分。蒸点以客计（一客大概是五只），起码一角半。面食分汤炒，炒者加一倍余，价较蒸点稍大。蛋炒饭两角，加名目，加铜钱。以据冷盆白鸡为例，不折不扣四角大洋。若与宁波饭店（注：此饭店为合甬人口味，并不是专卖咸肉豆腐、茭白炒虾的小馆子）比较，加上"加一"，除去小账，还有五分可省。点菜计算起来，两个人吃一顿夜饭，非三元不可下楼，若以和菜，五角不够，一元半似乎太浪费菜肴，金钱总可以节省许多。不胜替该堂惜，和菜此举太亏本了（注：此以菜单定价比例）。

　　滴铃一揿，侍者即来，我就吩咐："依照一元半的和菜，不知可能换样吗？"他回答说："可以，可以，换什么东西？""一只宁蚶，换乳鸡，一只青苗鸭掌汤，换生鸡片汤。""我去问问看？"他说着走下楼去了。我想假使可以，两只菜照他们的价已要七角五分，还有咸肉、虾仁炮蛋、栗子焖鸡呢，一定吃不下这许多小菜。侍者回来道："可以的，用什么酒？"我们本来不吃酒的，为了菜肴多的缘故，就添了半斤酒。

两只冷盆先来，八块不满二分厚的咸肉，堆了西餐中放面包的盆子上，一盆乳鸡亦然，乳鸡之嫩，塞满了我的牙缝，费了四根牙签，方始吃完了。炒蛋上来使我一呆，什么啦？这是奉送的吗？不敢问，恐怕做洋盘，夹上筷，当中有几只虾仁，大概这就是所谓七角五分的虾仁炮蛋了。不过，炮与炒的两个字，在老吃客都明了的，什么大食堂竟然这样的马虎呢？

栗子焖鸡来了，生鸡片汤亦来了，都装在大菜的盆子里，假使饭不拿上来，人家还当我们做人家，两个人合吃一客大菜呢。饭浇了汤，粒粒可穿在线上，害得我一碗半饭，吃了半个钟点。

账来二元零三分。茶饭三角，酒一角三分，代买香烟一匣一角，付了二元一角，七分算作"随赐"了。横着做丹阳客人，这次一遭，下次不会来了。

我将黄色的账单拿在手，只见当中还印着挖空的四个"取消加一"的大字。滑稽得极。反复一想，或许吃一角半的总便宜的。不过，饱不饱我不负责任，因为我们两个人吃了一元半的和菜，还加二角饭，盆子底只只可照天花板。走出门口，并不觉得肚皮澎涨。这可见了，若以吃的经验论，大食堂不宜大食，然则"取消加一"为号召，实际上菜价比别家贵得许多。仔细想来，不是无补于实际吗？

原载《皇后》1934 年第 13 期

上海的 "饭店弄堂"

雨子

上海有一条弄堂，是界于江西路和四川路中间，还有一条横弄是通着南京路的，说起来，并不稀奇，是狭小的一条弄堂而已，它的原名是慈昌里，但是那好像人们不容易记起，但是一说起"饭店弄堂"，附近一带谁也不会忘记而说不知道。弄堂而名饭店，它的意义是很透明的。

原来那条横弄，十家倒有九家开饭馆，或者卖吃食的。招牌一块荡在屋檐，"晨餐大王""龙门饭店""邱福记"……各式各样显映在你眼里，那里有广东味、湖南味、苏州味，你对于哪一门熟悉的那么就走哪一路的馆子。为什么那里会有这许多的主顾呢？这一带原是办公室和写字间的大本营，四川路、江西路、宁波路、南京路，全布满着银行、公司、银号、钱庄、商店，不是有许多办事员，要为了自己的吃饭问题上着想吗？就是那里，可以解决你的三餐，只要你缺少的不是钱。

每天早晨，从十点钟起，那里就热闹起来，粢饭团配着油豆腐线粉汤，大饼和油条，蟹壳黄、菜心素馒头、大包子、冷面，各样的早点心，全上市了。一个摊也好，一爿店也好，坐满着的是人。经济一些，花六个铜板就是两个大饼，要舒服些两三角钱也可以下肚。这地没什么等级，穿长衫的也有，穿短裤的也有，赤膊赤脚的也有，各人拿出各人的钱，找择自己爱吃的东西。你吃你的大肉面，我吃我的阳春面，铁锅子敲得刮刮尖声地响，碗声，人声，吃食声，钱声，那时候桌上弄得杯盘狼藉，店小二忙得不亦乐乎。

大饼馒头店，张亦庵摄影，刊载于《文华》1933年第38期

粢饭油条摊

雅致的，狼藉的，看各人的环境，每人的背肩上有否沉重的事，草草完结了早饭，上办公室的，上写字间的。这条"饭店弄堂"，还有午餐、夜饭，有些人也靠在那里。

　　近正午十二点，"饭店弄堂"又在热闹起来，那时候的人更多，一些零吃是收了盘，铁锅子响得更尖，有时候不巧，你会挤不进去。在这地最普通的客饭，大约两角小洋，一菜一汤，由你吃饱肚子的饭。若说要舒服些，那么由你花自己的钱，点几样菜，来半斤酒，再弄一二只冷盆，但是这地方就少这种主顾，吃饱了，掷两角小洋，拍拍肚皮就走，那却是"饭店弄堂"里常见的事。

　　还要特别说起的是邱福记，若是忘记了它，对于"饭店弄堂"是有损失的。它在那弄里是有唯一的带有别国风味的店，他们的买卖，是一些茶类，如咖啡、可可、牛奶，可以充饥的也不过是一些蛋糕、土司、牛肉，及别的点心，然而看起来很清洁和简单，吃的人并且很多，但在经济人眼光里看来，是不经济的。一盆牛肉，两块土司，就吃饱肚皮的，还得让文绉绉的人们，若说为了解渴，去喝一杯清咖啡，花十个铜板，虽没有"佳妃馆"的浓厚气味，但是异样又走上你的心头。早上、正午，还有下午，下办公处的人作为点心，热闹的局面，时时展露在江西路口的小屋里：

　　"一杯冷咖啡，土司两块，咸。"

　　"牛奶可可，红烧一块拣瘦，罗宋半只。"

"清咖啡，两块甜的……"

咖啡壶里流下来，土司从火炉上拿下来，涂上奶油或jam，各人慢慢地吃起来，满意地走了。

邱福记虽则陌生，记住一个公认的绰号，叫"小崇明"。每天袋里没有钱的人最好少走到那里去，要耐受不住你的嘴涎的呀！

原载《新民报》1935 年 8 月 22 日

谈豫园的吃

吃客

南市最著名而热闹的地方，要算城内邑庙的"豫园"，那边商铺林立，到了星期假日，游人络绎，尤其是在旧历腊底年头，真是士女如云。像这样热闹的所在，吃的一件东西，当然是不会少的。在下平日治事之余，每好到豫园闲步，所以熟悉此中情形，现在把吃的一部，先来谈谈，也算给游人们来介绍一下。

清代上海城隍庙里的转糖摊

城隍庙九曲桥、湖心亭

　　讲到吃素斋素面，有松月楼、素香斋、乐意楼等三家，其中以松月楼牌子最老，营业亦较盛。素香斋从前曾有不支之势，近来已渐有起色。不过这种蔬食处究竟欢迎的人太少，平日生意本不见佳，要逢着星期日或旧历的朔望，靠一般进庙烧香的善男信女来光顾，维持那门市，而且一个冬菇浇，售价要三角八分。其他的素肴价目，便可推想而知了。

　　其余面食点心的店铺，规模较大者，如桂花厅、松运楼、洽兴园，有盆菜，有汤炒，可随意小酌，次之如老福兴与协兴馆，专售南翔馒头。有九曲桥畔之长兴楼，又有新开之新兴馆，专制排骨面及馒头，但开市不到二月，已关门大吉，足见开吃食店，也不是容易的事。又专售油面筋百叶，有豫园新路后面三家，有几家点心店，也有带售的。

庙门内，老松盛和老桐椿的酒酿圆子也很有名，此外售酒酿圆子之外，至于大殿下面的小食摊，更是星罗棋布，目不暇接，有小大菜，有鱿鱼，有牛肉汤，有鸡鸭杂汤，其他如春卷、馒头、水饺子、油豆腐线粉、糖粥等，都足以适口充肠，这种普罗化的食摊，居然也有摩登妇女置身其间，所以生意都很好。从前还有糟田螺和毛蚶，据案大嚼的，大抵是贩夫走卒，现在有鱿鱼起而代之，又因要轿上主顾的关系，这种粗俗的食品，早在淘汰之例了。

在环龙桥附近有一个饼摊，专做葱油饼、韭菜鸡蛋饼，也有悠久的历史。又柴行厅弄内，有肉粽、豆沙粽，及甜的咸的油酥饺、小馒头，都很可口，不过都是专跑书场的，每日下午三时至五时，是他们营业的机会。

写到这里，吃的东西，差不多都是包括在内，应有尽有了，以外的一切，有暇再谈吧！

原载《金钢钻》1936年1月23日第2版

吃在上海

老饕

　　上海人烟稠密，五方杂处，除外国人外，中国各省市的人都有。这些人在上海，"衣食住行"四个字都不可少的，唯最是第二个"食"字更不可少。因之各种食品，上海也就无一样没有的了。

　　上海的食品，虽说各种都有，但有好有丑，有贵有贱，一般吃客，也是讨不尽便宜吃不尽亏的，比方我思想要吃某种菜，究竟某种菜以何家菜馆为最好，以何家菜馆为最便宜，以及如何方可讨得便宜，如何方不吃亏，这种经验，上海人

上海街头商铺林立

叫做门槛，这门槛是不可不知道的。记者虽不敢称老上海，对于上海的小吃，却略知门径，但我们是中国人，不讲西餐，除西餐外，当将我所知道的，贡献于同我所好的一般吃客。

上海的食品，种类繁多，要将它一样一样地举出来，这支秃笔，实在不设写，只得将各种吃食，分为三大类，概述于后。

菜馆

现在上海比较著名的菜馆（贵族化的以及新开未久的除外），广东帮有杏花楼、冠生园、大三元等；平津帮有会宾楼、悦宾楼、致美楼、三和楼等；扬镇帮，有老半斋、新半斋、福禄寿等；四川帮有陶乐春、小花园等；福建帮有小有天等；河南帮有梁园等；宁波帮有鸿运楼、正兴馆等；杭州帮有知味观等；徽帮有大中楼等；教门馆有金陵春、春华楼等；素菜馆有功德林、觉林等。这都是首屈一指的，最著名的菜馆。但是从中也许有很著名，而为记者所不知，或忘记列入的，当还不在少处。

以上各菜馆，虽是著名的，但是合乎现代化的，只有福禄寿、冠生园等寥寥数家，其余都是旧式的。至于各帮馆子的菜，倒不分新旧，各有各的好处：广东菜滋味丰腴，略带西式；平津菜浓淡相宜，口味普通；扬镇菜五味调和，火候独到；河南菜不失原味；四川菜爽辣精致；福建菜花样翻新；杭州菜别有风味；宁波菜亦有特色；徽帮菜尚能适口。教门菜及素菜，清而不腻，宜于热天。这是各菜馆烹调各别的好处。若是将一样一样的菜分开来讲，如烧鱼翅、清炖甲鱼、炒响螺片，是广帮杏花楼等好。糟溜鱼片、红炒虾仁，是平津帮会宾楼等好。肴蹄、脆鱼、醋熘黄鱼，是镇江帮半斋等好。豆腐干丝、生川鲜鱼汤、干菜烧肉，是扬帮福禄寿等好。填鸭、黄河鲤、核桃腰，是河南帮梁园等好。粉蒸鸡、虫草鸭，是四川帮陶乐春等好。西湖醋鱼、件儿，是杭州帮知味观等好。炒划水，是徽帮大中楼等好。炒圈子，是宁波帮正兴馆等好。这是各帮普通菜各别的好处。至于独家所有的，如新三和楼的神仙鸡（即叫化鸡）、小有天的杏仁豆腐、陶乐春的熏笋、大中楼的砂锅馄饨、老正兴馆的炒秃肺（即鱼肝）、新半斋的甜菜藕粉饺子、大世界南首大利春的柠檬炸鸡等，都是独家所有特别的菜，价格尚不十分过贵的。若要同是一样菜，比较便宜的，须看馆子大小，小馆子总比较便宜些，但料作究属两样。假如鱼翅这样菜，法大马路老鸿运楼，烧得也很不错，味美丰盛，未必不及杏花楼，价格比较，则便宜多了。但是认真考究起来，杏花楼的鱼翅，条条分明，最好的一种荷包翅，抖散开来，一条一条，足有半尺多长，有线香这样粗，毫无假借；老鸿运楼的，固然不能同杏花楼荷包翅比，即比较杏花楼普通的货，亦比不上，第一不能条条分清，不但连带肉脊，且多假借他样配件，所以门槛精的吃客，不在这上面买便宜。然则如何方可买到便宜呢？

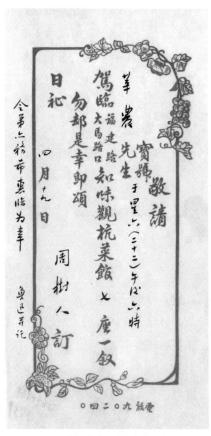

鲁迅在知味观宴请姚克的请柬

凡吃馆子，在楼下吃，比较上便宜；在外面吃，比房间便宜；吃和菜、经济菜，比点菜便宜。和菜内有不合意者，可换掉一二样，情愿另外加价，总比点菜合算。要吃成席的菜，可向各帮厨房去叫，不要在馆子里叫，比较便宜。若是二三知己朋友小吃，吃一样，点一样，无论馆子大小，总不免小吃会大钞。现在北四川路一带，开设了好多家广东小菜馆，经济菜馆只两角一样，而且很有几样菜可吃的。记者曾经尝试，如焖鸡鱼翅、铁扒鱼片、甲鱼鸡脚汤，都很不错的。就是四马路南园的神仙鸡汁，价在二三角之间，梅园的广州饭一元二角的，可供三四人一餐，也算便宜极了。这是吃馆子的门槛。

点心店

上海的点心店，旧式的居多。从前不卖早市，自扬镇帮菜馆、广东帮茶馆早晨带卖点心后，现在各点心店，渐渐的都卖早市了。在十数年前本帮的点心店，只有四马路四如春牌子最响，后来大马路开了一家五芳斋，点心比四如春好，居然将四如春打倒。自北万馨、沈大成等号开设后，"四如春"三字，已无形消减了。但此几家点心店，仍然是旧式的。所卖的点心，固然是老八板，没有一样花式新鲜的。而座位招待更不要讲了，第一锅灶砌在门口，一走进门，就觉到油气浊鼻，然而生意都还好。这个原因，一则因为价值不大昂贵，一则因有一二样点心，如汤圆、烧麦等，味尚可口，所

食铺招牌

以还可以号召中下两等的人。假使在此时，有一家设备完善，座位舒适，招待周到，而点心花式价格，都同他们一样的，开设出来，我恐怕他们就立脚不住了。所幸现在改良的点心店，声价都在他们之上，不是与他们同等的，如广帮的冠生园、大三元等，扬帮的福禄寿、精美等，都是做的中等人以上的生意，夺不了他们的主顾，所以他们永远不想改良。至于现在改良的点心店，所卖的点心，与各旧式菜馆带卖的点心，亦各有各的好处，各有各的长处。广帮伊府面，各色大包、小巧甜食、包饺、烧麦等，料作丰富，其味亦佳。平津帮拉面、薄饼、锅贴等，工料地道，颇堪一饱。镇江帮蟹黄汤包、白汤肴面等，滋味纯厚，无以复加。扬州帮各色包饺、烧麦、春卷、千层糕、发糕等，做手高超，味美各别。这是各帮点心的特色。但是仔细研究起来，各帮的点心，要推扬州帮为第一，扬州帮的点心，要推福禄寿为第一，他们不但点心的面粉留心，考究地道，而且设备十分周全，座位非常舒适，招待亦很周到。点心店能办到这样，实在可以做吃食商店的模范了。不过价格太昂，这也因为开支过大的关系，但他们没有加一小账，如要比较便宜些，点心与福禄寿差不多的，可到英华街的精美去吃，但精美的小账是加一，而且设备万不如福禄寿了。这是吃点心的门槛。

杂食店

杂食店，如糖果、水果、干果（即桂圆、枣子等）、南货、熏腊等。上海从前没有糖果店，糖果都是西菜馆里带卖，完全舶来品。近来中国已可自制，所以到处糖果店开设很多，生意最大的，要推冠生园、泰康等。出品也实在不错，减价时亦很便宜。糖食是中国原有的，从前唯四马路稻香村糖果店，牌子最响，自市面兴到南京路后，则老大房、申成昌、天禄等糖食店，连续不断地开了出来，生意都还不差，东西现在要推偷鸡桥天禄的好。水果店，虽到处皆是，但价廉物美的，要推法大马路宝兴里口的某某号，及南京路河南路头的某某号两家。干果店，大多数开设在石路上，货真价实的，只有靠近爱多亚路口几家。南货店，上海更加多了，除先施等几家公司带卖南货外，老牌子的南货店要数南京路邵万生、三阳等几家，但东西虽好，价钱太贵。熏腊店，招牌都是老陆稿荐，也是随处皆有，东西好不好，须看地点，靠近大马路的，总比较好些。此外如豆腐店、面粉店等，据闻做豆腐干丝的豆腐干，从前上海只有一家豆腐店有的卖，开设在南京路从前小菜场后面。上海的面，现在除平津馆子里拉面、广东馆子蛋面外，其余都是机器面，很不好吃，且有一种气味。要买人工刀切的面，虽久煮而不漫汤的，可向北浙江路老垃圾桥北染坊隔壁一家面粉店里去买，有细条，有阔条，但须说明要刀切的，听说馄饨担向他家去买面的很多，店虽小，生意做得很大的。这是吃杂食的门槛。

　　记者写到此处，心中不免有些感想，我们中国的商店，大都守旧的多，不受打击断不肯自动改良的。即如以上所说的菜馆点心店，其中大多数是旧式的，设备不完全，座位不舒适，招待不周到，还在其次，最大的缺点，是锅灶设在门口，进门就触着油烟气。而且台凳不揩，不能入座，杯筷不擦，不能着手。若是将菜或点心叫回家去吃，而送菜送点心来的人，身上穿的衣服，如同理发店里的荡刀布，远远的就闻到一种说不出来的气味，外表如此，食品虽好，能不减色吗？

　　近数年来，虽然有不少改良的，然亦不过对于表面上清洁二字，略加注意，并未根本改革。最可怪的，新开的店，对于这种恶习，也不肯革除，记者昨走南京路遇见抛球场新开了一家五福斋小点心店，店内的台椅，倒像是新式的，而锅灶仍旧有一部分设在门口，不知是何缘故。记者虽是门外汉，但是做生意，总要能够迎合顾客的心理，不可令顾客讨厌，这是做生意的常识，就是外行也应该知道的。试问锅灶设在门口，顾客讨厌不讨厌呢？这是旧式食品店的弊处。

　　至于新式足称摩登的几家食品公司，也有不少的弊端：（一）定价太昂，只可做上等人的生意，中等人都不敢时时光顾；（二）招待有分别，如同官场，要论阶级的；（三）供应迟缓，要菜要点心，必须长时间的等候。这是新式食品公司的弊端。

在记者思想，开设食品店，第一设备要完全，无须十二分的华丽，不过要合现代化。"整洁"二字，万不可少。座位要舒适，距离须稍远，不可像"推背图"。招待要周到，不可分阶级，大小生意，富贵平民，都要平等看待。供应要迅速，无论要菜要点心，立时可送到，不可令人催。至于利息，万不可打得太厚，须知顾客都是中等人多，上等的人，不常在外面吃，假使定价过昂，中等人就裹足不前了。牌子既经做出，更须时时检点自己，有无管理疏忽之处，果能照此办法，生意没有不好的。不知经营此项生意者以为然否？

原载《机联会刊》1936 年第 146 期

黄包车夫的吃

顾后

我是住在闸北的，而在出门时，也是步行的多，所以对于上海黄包车夫的生活，比较知道的还详细。他们有家庭的，每天所量的米，总是一种下等的叫做罗尖米的，这种米较有涨性，能耐饿，但那硬的程度，在平常人就不堪领教了。没有家庭的，就胡乱买些粗糙低贱的食品来充饥，偶然上饭馆去吃一些高丽红汤（注：高丽红汤，是血汤内放着猪油渣同煮），或咸汤豆腐，已经算是大快朵颐十分破费了。此外，在街头上设着小摊，专门供给他们的食品，换句话说，就是专做黄包车夫生意的，是下列的种种。

上海街头鱼贯停靠的黄包车

上海的路边小吃摊

上海街头小吃摊

　　比较略具规模的，在街角支架几块木板，上面陈列各种菜肴，也有鱼肉，也有白饭，而主要的菜，是一锅热气腾腾的青菜豆腐汤。在这里花了十余个铜子，就可果腹，并能尝到鱼肉的滋味了。

　　在街头放着一只圆形的大铅皮桶，里面煮着稀薄的粥，另备几味小菜，大都如黄豆芽、青菜、萝卜之类，每一大碗粥，只售三四个铜子，而那菜是不另取资的赠品。这种摊旁，常有车夫们蹲在车上，捧着大碗，"福六福六"地吃。

　　我们平时吃汤圆，大都的目的在换换口味，但黄包车夫吃汤圆，却完全在止饥。这种汤圆，每个售价虽只二枚或三枚铜子，但比平常的要大一倍，而且是实心没有馅的，吃的时候，只在外面撒些白糖，大概吃了五个，也挺饱了。

　　还有一种油煎粉饼，是最近发明的，是用米粉制成饼状，放在油中煎熟，那油中是放有红糖的，所以也有一些甜味，每个厚厚的饼，也只售二枚铜子。此外，有一种烤面饼，也是专供车夫吃的，售价尤廉，三枚铜子可买两个。不过止饿的力量，当然要比粉饼弱些。

常常有种小贩，提了一大篮的面制的各种油炸的食品，又提了一铅壶的热水，跑到车夫多的地方出售，食时先来一大碗水，把食物化在水中，然后用筷或用手指划食。

上海街头小贩

在这暑天中，黄包车夫们也食水果，也吃刨冰，也饮冰冻果子露。不过他们吃的果子，都是腐化的，如出二枚铜子，便可买进一大堆荔枝；刨冰是一枚铜子最多两枚铜子一杯的；冰冻果子露，也只售一枚铜子一瓶。他们的目的在于驱热解渴，卫生不卫生，在他们的经济上，却不允许稍加考虑了。

上面各种食品，虽然也有他种劳动者光顾，但大宗交易，还是仗了那些黄包车夫。他们拿劳力换来的半数消费的钱，养活另一群穷人，他们的功绩，着实足以让人钦敬呀！

原载《大公报》1936 年 8 月 1 日

上海早晨的吃

剑峰

"饮食男女，人之大欲"，上海人是讲究享受的，于是各式各样的饮食店，就应此言的需要而陆续开设了。不过各饮食店所注重的，大都是五点钟以后的夜市，因为上海一班资产阶级，都要到下午三四点钟，才肯起身，晚上才是他们活跃的时候，一大半就在他们身上。至于做早市的呢，只有些范围狭小的饮食店，以及几爿规模较大的像五芳斋、老半斋等几家，其余都以为吃早餐的都是些薪水阶级，哪里及得上资产阶级的一掷千金，毫无吝色。所以不高兴另外去附设一个早市了。

上午的早点店虽然不多，但是因为人们肚子饿的缘故，是非吃饱不可的，所以一般小本经纪的就应大家的需要，在四川路江西路一带开起了许多小吃店来了。这种店范围虽小，货色倒实在不错，价钱而且非常便宜，像一客牛奶麦糊，在大菜馆里至少要两角钱，他们只卖十五个铜板，一盆罗宋汤，外加奉送两块面包，只售三十个铜板，实在可以说是价廉物美了。不过地方实在不太高妙，因此洋行里的一班高级职员，都不高兴到那里去，有的到青年会去吃五角钱的晨餐，有的到老半斋去吃两角小洋一碗的咸菜蹄子面，经济些的，在写字间里差出店到摊头上买十个铜板粢饭、六个铜板的油豆腐线粉，也尽够果腹了。

清代上海街头的糖粥摊

　　在上海这许多早点中，我以为五芳斋的头卅面取价价廉物美了，每碗只售一角大洋，滋味可实在不差，不过要去得早，在八点钟以后去吃，那么恐怕早已因为存货不多，完全卖光了。此外青年会两角大洋一客的咖啡滨格 [1]，也实在不差，在别的西菜馆中，吃一次滨格和一盅咖啡，至少非加一倍的价钱不可，而东西还没有他们的地道。

　　末了，我要声明一句，我是以吃客的立场来说话的，并不是替他们做广告，兜揽主顾。

原载《金钢钻》1936 年 12 月 23 日第 1 版

1.编者注："滨格"即英文 burger 的音译，即"汉堡"。

上海的吃

老友

孤岛生活，大家都欢喜上馆子吃东西，因此新菜馆大大小小开了许许多多，但是吃的一件事，研究起来，也有极深的学问，我来随便谈谈如何？

先讲西菜。真正西菜，其实纯粹中国人是不大吃得惯，于是逐年蜕化成为一种中国化西菜，像晋隆、印度、大西洋、犹太、一家春之类，菜品风味，与真正西菜相距甚远，外国人都吃不惯的。

晋隆之菜，三四年前是很不兴的，又老又旧的菜馆，刀叉陈设，望上去简直是九尾龟时代的大菜馆，菜劣价贵，手巾三四道的送上来，真正吃不消。改良之后，面目一变，菜品风味极佳，材料也还好，中午一元菜简直便宜，果盘汤肴，只只可口。晚间一元半，觉得不大合算，但是菜还好，一盆有一盆味道，烧得十分中国化。中午宜于写字间出来充饥，晚间宜于宴请家庭间太太小姐吃饭，只可惜有些不良之处，便是一杯茶价之外，还要二角小账（比加一还多），仆欧们殷勤招待，那只面孔又好像非要些"踢泼"[1]不可。

1.编者注："踢泼"即英文 tip 的音译，小费之意。

上海华安饭店，刊载于《良友》1935年第111期

印度加厘饭店，以冷盘"萨辣"出名，小菜的确很好，小账茶钱的恶例，与晋隆相同，如果欢喜到 ABC、沙利文之类的食客，颇觉不合。从前的菜，味美而丰富，战事以后，减了一道菜，中午菜品，觉得少一些。自从物价高涨以来，所用材料，较前逊色，试瞧"萨辣"的颜色，由白变黄，可知一斑。

一家春菜品，风味并不高明，但是较为便宜，晚餐也有一元菜，中午七角半也好，胡乱吃吃，倒也不错。

乐乡近来也采廉价竞争，菜品材料，尚属可以派司，午餐有一元、七角半，及牺牲[1]，多中取利，还可以吃吃（星期日更多家庭聚餐的人们）。

1.编者注："牺牲"指亏本打折，促销、让利之意。

吃大菜的中国妇女，刊载于《新世界》1918年11月12日

实在讲吃西菜吃到这一类店，菜品仅具名式，毫无真滋味，如一个人为经济果腹起见，不妨一试，无非老调。近来四川路一带，人烟稀少，实在也难弄得好。八仙桥青年会菜品完全不同，美国风味，材料虽好，盆中菜品少得稀奇，价格则较昂。

华安大厦八楼大菜部也接待外界宾客，菜品极高贵，地方极华丽，中国人请客此地最最富丽堂皇。全上海地方富丽要算华安和丽都舞厅里边的饭店部两处。

大光明隔壁的光明咖啡馆，菜品平平，布置尚好，价格午时一元，晚间一元半，清清爽爽可以算得便宜。哈同大楼有一家菜室也还好，可惜友邦仁兄太多，随时可以有意外赠品。

斜桥总会对面有家立得尔咖啡馆，卡德路口有一家中美

上海维也纳露天茶室，刊载于《大美画报》1938年第4期

上海百乐门饭店，刊载于《中国石公司特刊》1934年

饭店，一家是价贵菜少，一家是味同嚼蜡。还有霞飞路飞达饭店也试不得。

　　静安寺路沙利文斜对面，新开一家叫做DDS，布置极好（从前德国菜馆旧址），这家是生意极好的咖啡座，在霞飞路的一处，规模独一，夜间有高尚乐师三人伴奏，小小幽市，可以跳舞。午餐元半，菜仅二道，晚餐，非三四元不能一饱。DDS共有四家，海格路[1]有一处，四川路二马路有一处。这种菜馆，以伴同秘密女友为最宜，如要跳舞而不算价钱多少的，还可以到蒲石路[2]古拔路[3]转角的"阿开第"点一汤二菜，便是三四元起码，饮酒更觉可贵，但是有钱送给外人，想想究属不宜。

　　要跳舞而吃大菜，那么大都会、大新、维也纳、国泰、都城的一元菜，可算价廉之至，味道却不能考究，百乐门、仙乐斯、丽都晚餐二元尚觉可口，这种地方，菜毕免茶，可称经济合算，即要泡茶，五角八角，本来是基本耗费啊。

原载《电声·快乐》周刊 1938 年

---

1. 编者注：海格路即今华山路。
2. 编者注：蒲石路即今长乐路。
3. 编者注：古拔路即今富民路。

沪壖食品志

海上漱石生

本报按：

海上漱石生，为孙玉声先生别署，四十年前，曾任《新闻报》主笔，以遭失偶丧明之痛，一时意懒心灰，乃自动谢去，然厥后复创《笑林》等报，开小型报之先河。近徇本报之请，先以斯作餉读者，先生诚为今日之"上海通"，吉光片羽，皆有考据，弥足珍贵者也。

引言

昔袁随园作食谱，志庖厨中一切烹饪，传为美谈，然仅就其个人之家庭而言，系狭义而非广义也。余为沪人，生沪长沪，而老于沪，第家食为崇节俭，欲涉随园作一食谱，戛戛其难。然频年口腹所及，于沪地所有社会之食品，除邑志载之薛糕，以余生也晚，不获亲尝外，其他类尝快我朵颐，觉有已成过去者，有现尚留存者，有出于土产者，有制自人工者，有关乎时令者，有可以为法者，有宜乎改良者，似均有一记之价值，设能成一小册，颇足供人茶余酒后，作为谈助之资。适《晶报》需本地风光稿件，征及于余，爰搜集题林，草此《沪壖食品志》以报命。余年迈矣，屡拟投笔养闲，度劫余之岁月，唯于胸中所蕴藏之乡邦事物，每觉一经触及，深以尽情倾吐之为快，抑且友辈征稿，固拒太属不情，乃致一再常为冯妇，思之殊自哂也。

人和馆三丝三鲜

上海南北市所有酒馆，以邑庙馆驿桥浜南之人和馆为最老，馆主殷姓，本邑人，开设约及百年，彼时沪俗淳朴，犹无全翅等，席中所有主菜，乃为三丝三鲜，馆主因注意于此，三丝刀锋齐整，汤汁鲜浓，于面上略加鱼翅者，谓之翅丝，价目较昂，配置尤为精致。三鲜中鱼圆粉嫩，肉圆细洁，类皆入口即化，加海参者谓之参鲜，必令火候到家，无生硬艰于咀嚼之弊。其余一切汤炒，亦俱适口者多。以是邑中有喜庆之家，酒席多令其包办，生涯有应接不暇之势。每值清明、七月半、十月朝，城隍庙三节迎会，各会首当值之人，或假座设宴，或令备席送至其家，统计不下数十席，或百余席之多。同治间因有人见而羡之，于邑庙东之大街，另开一听月楼，希图与之竞争，地址既佳，屋宇又力求精美，无为各主顾不受招徕，数年后知难而止。人和馆根基稳固，未为动摇。然而光绪中叶以后，各菜馆趋时改进，彼乃仍墨守成法，故步自封，卒以暮气日深，竟致两遭失败，逮至馆驿桥拆平，桥堍建筑马路，沿浜成为小街，于是更地利尽失，主人乃无志继续矣。

大舗楼之蝴蝶面

上海之徽州菜馆，以南市大舗楼、法租界醉白园最为著名而最老，其萃楼及公共租界中之聚宾楼、乐聚和等园，皆在其后也。而大舗楼尤开设最先，历时已将百年，昔在龙德桥如意街北口，局面不甚堂皇，座上常常客满。而迩年又添设分馆于中华路大码头大街西口，在去岁"八一三"以前，门市甚为热闹。唯徽菜馆素不讲求正席，故张筵宴客者甚少，定备全席者亦不多，而小吃如炒鳝糊、醋溜鱼片、红烧羊肉、红烧园菜、凤爪汤，及冬令之羊糕等，俱颇别有隽味，且尤以面点著称于时。凡鸡火面、烩羊肉面、鳝丝、蟹粉、虾仁、爆鱼、鸡丝、鸭片诸面，莫不价廉物美，足供老饕大嚼，过桥者益觉丰满逾常。嗣更创行一种大锅之蝴蝶面，足敷三人饱食，更谓便宜之致，各徽馆见而效之，今已风行全市。他若各种炒面，亦俱取价不昂，主顾有嘱送者，可以立时送达，车资不取分文也。

新新楼之烧鸭饽饽

　　新新楼,上海创始之京菜馆也。初上海民风崇俭,菜馆只有本帮及徽州、宁波二帮,至北市开放租界以后,始有各种菜馆至沪开业,新新楼为京菜馆之首先设沪者,时在清同治年间,地址为昔英租界南京路一洞天、老新衙门之左,即后改造房子之小菜场相近。彼时余尚髫龄,曾侍先大父一再宴宾于此。余幼年之记忆力甚强,故至今犹能忆及。有一次席间食烧鸭饽饽,由先大父手剖鸭片相赐,并为代裹于饽饽之中,蘸甜酱令食,谓此系京中食品,味果佳妙,惜价过昂,一鸭须八九角之谱,是为余得食烧鸭之第一次。逮年终后,读仓山旧主袁翔甫先生《上海竹枝词》:"北客南来听未惯,是谁叫嚷要爸爸。"盖即咏此而嘲南人强操北语,呼"饽饽"音似"爸爸"也。然鸭价当时一头需洋八九角,先大父已以为昂,孰料今竟一鸭洋三四元,肥硕者犹不止此,较昔增高至三倍许。第自湖南菜馆创始填鸭以后,趋时者争尝填鸭,梁园等之食客,皆为填鸭是尝,京菜馆烧鸭风头,似觉不无受挫矣。

聚丰园之戏酌酒

　　演剧侑觞之举,自古有之,文言谓之彩觞,俗呼为戏酌酒。

然上海尺地寸金，菜馆中无处建造剧台，以致不能演戏，故昔时喜庆之家，有排场阔绰者，只雇弹词一二档，戏法一二班，略资点缀而已。自光绪初叶，福州路聚丰园京菜馆开幕，其正厅基址宽敞，经理人匠心独运，创设一活络戏台，需用时临时装置，不用则立可拆卸，使无占地之虞。时适京伶李毛儿，在金桂轩搭班演剧，以包银甚微，不敷开支，招集贫家之十余岁女郎，授以生旦净丑各戏，艺成令应堂会，每台计戏四出，洋十六元，赏封加官封及箱力外加。自聚丰园有戏台后，生涯为之大胜，"毛儿戏"三字因此得名，而聚丰园因可请戏酌酒，营业亦为之鹊起，正厅必先期预定。至于所演之戏，当时仅《满堂红》《鸿鸳喜》《游龙戏凤》《二进宫》等演员不多之剧，以全班角色，只有十数人也。若夫聚丰园出名之菜，为一品锅，及炸八块、吴鱼片、爆鸡丁等，纯系京菜，盖其所雇庖丁，半系北地名厨，故获烹调得法也。

三十二 围扦客菜

上海昔时筵席，类皆注重围扦，以围扦之多寡，定酒席之高下。所谓围扦也者，在菜碟内以小竹签扦高水果糖食，围于席之四周，以作美观者也。故起码席只四荤盆不放围扦，稍丰者八围扦；荤盆外加两水果及两干果，水果必扦高者；

再丰者十二围抃，系四荤盆、四水果、两干果、两糖食；最多者十六围抃，则荤盆糖食干果水果各四碟者。然喜事款待新客之菜，往往有三十二围抃者，菜碟席间无处陈列，则每碟皆双拼之，名之曰"鸳鸯盆"，于是十六碟成为三十二矣，然凡设备此种盛宴之家，其后每备有烧烤席（详下），如有屋深邃者，另设于别厅中，并供有瓷铜玉石一切古玩，使新客玩赏，谓之曰看席，又曰翻席。以前厅翻至后厅也。此风在光绪初中年间最为盛，富家夸多斗靡，几于举邑若狂。至庚子国变后始杀，盖各处地方不靖，官厅捐税纷繁，乃不敢踵事增华，有归真返璞之想，围抃仍回至十六为度。至民国建元，打倒满汉筵席，始将围抃盆一律撤去，易以四冷盆、四热盆、四囫囵小果盆焉。

烧烤席

沪地酒馆市招，昔有一方曰满汉筵席，以汉菜外尚有满菜也。然而虚有其名，满菜未尝获睹，即询诸菜馆中人，亦俱游移其辞，不能报告菜名。只有所谓烧烤席者，于宴请新婿或新舅时用之，或谓其即满菜，第前半席之汤炒一切，仍皆为汉菜也。当烧烤登筵之时，若在原席进餐值宴者，必每客前先换胡桃大之景泰窑高粱酒杯满斟烧酒，并有大葱及甜酱各两碟，分列之四隅，薄饼两大碟，置于台之中央。然后始上烧烤，乃系烧猪四盆，两肥两精，烤鸭四盆，俱已批成薄片，便于下箸。同时更于各客前进满茶一道，茶杯系外镶红木，内为点锡所制，杯中其实无茶，满装莲肉、桂圆、松子、瓜仁、枣子、石榴肉等品，结顶并有橘皮、橙皮切成之红绿丝，及彩色小绒球两个，颇为美观，饮者但微饮糖汤而已。烧烤食毕以后，另易红茶一道，谓之熬茶，亦曰奶茶，乃为咸质，似用熏青豆汤酿成，故有熏青豆浮于杯面，并略有牛乳。所云烧烤席者如是，然新客赴此盛宴，当于席赏之外，另给发烧烤赏，于值宴之人，视此至为隆重也。

旧历新年之三道头茶

沪俗昔重旧历新年，幼辈须向尊长贺岁，即在等辈亦然，以是报往跋来，自元旦迄初三四，各家酬应甚为繁盛。客既屈尊到门，主人当殷勤招待，首先乃为敬茶，此必然之理也。第在富豪之家，其茶有多至三道者，计第一道为米花茶，曰"兜辇茶"；第二道莲心桂圆茶，约"连贵茶"；第三道始为清茶，有杯内杂以橄榄两枚，曰"元宝茶"。此三道茶奉过之后，再以年糕、春卷等四点心为进，客有食有不食，以到达之处既多，不敢一饱领也。客当登门贺年之时，主人若家有儿童，使之向客致贺，客须给以压岁钱，同光间为红头绳穿之制钱一百文，多者双百，至阔绰者易以红纸包之香港毫洋，始有该给为大洋者，旋又各人每给钞票，而为数乃大于昔数倍矣。至于主人给来宾之轿封随封，轿封每人两包，六分者每包足钱四十文，八分者五十四文；随封或给六分，或给八分，视主人之手面而定。亦有随封发八分一钱（六十八文）。而轿封发一钱，或一钱二分者（八十二文），则为最丰之家，下人必欢声雷动矣。

吃年东

沪俗有所谓吃年东者。自旧历元旦日起至初十止，凡至戚友家贺岁，每有留请午膳，或夜膳者，具所食之物，俱为年东，大抵千篇一律，系三丝、三鲜、冻鸡、块鱼、鸭汤、蛤蜊汤、块咸肉、走油肉之类，亦有碟子，乃如意菜（即黄豆芽）、安乐菜（荠菇荸荠同炒之咸菜）、鸡杂、赚头（即咸猪舌）及瓜子、花生、福橘、橄榄等，然在前五日内，隔岁煮备较多之家，固尚容易对付，而五日后，则每渐见为难。于是另生拜年潮之俗语，相率传为笑柄，其词曰："拜年拜到年初六，灶头间里有鱼吼么肉。拜年拜到年初七，砧墩板上吼啥切。拜年拜到年初八，只只碗空吼设法。拜年拜到年初九，客人走在路上像只离食狗。拜年拜到年初十，只好一根门闩直赶出去。"嬉笑怒骂，可云淋漓尽致。此风自光绪中叶后，沪上市尘日繁，新年各吃食店，初四起概已开齐，吃年东者渐无，与诸扰及戚友，愿赴市肆酌，即在备者之家，已以此种菜为日过久，食之令人有碍卫生，故亦渐少制备矣。

上灯圆子落灯糕

上灯圆子落灯糕，此昔时旧历新年，沪侨之流行语也。上灯为正月十三，或二十四，参差不一，总之，上灯夜须以圆子祀神敬祖，落灯夜必须以糕为飨也。按圆子即为汤圆，其馅甜咸不一，甜者为豆沙、白糖、芝麻、胡桃；咸者为鲜肉、荠菜夹肉、猪油萝卜等等。并有不用馅而为实心者，则白糖圆，各视人之嗜好而制。糕则黄白松糕、蛋黄糕、百果糕，亦无一定。其实隔岁十二月二十三夜，送灶各用汤圆，人皆早经食过，糕则重阳日为食糕之期，并非须在上灯落灯，始足快我朵颐，乃老乡家多此一举耳。

至于上灯时所悬之灯，彼时车灯煤气灯汽油灯等，概未发明，乃向小东门王长兴等灯店购买。具或有聚宝盆、顺风舟、刘海撒金线，及元宝、荷花、走马一切，皆玻璃或盘珠明角所制，且可出卖出租，故灯节时各灯店生涯颇形热闹，而城隍庙更有纸灯，十色五光，倍增绚烂。今自民国成立，灯节在打倒之列，各灯店始一蹶不振，仅纸灯市尚在，圆子与糕，则庙期俱已无形消减矣。

年鲞

食品中之咸鲞等物，是供下酒下饭下粥之需，为居家终岁所不可缺少，沪俗昔时纯朴，故每年恒有自制者，谓之年鲞。最普通者为腌菘菜，每与雪里蕻同腌，其味绝隽，彼时菜甚廉，每担仅制钱三四百文，雪里蕻亦只五六百文一担而已。春不老，系切白萝卜为骰子大小，浸糖醋中而成者，洁白如玉，食时入口松脆，清而微甘，第若制时不得其法，则皮黄肉软，粘齿胶牙，味同嚼蜡矣。金花菜，俗称草头，于瓦瓶内腌之，食之亦甚可口。罗汉菜，产自南翔一带，丛生野田之中。上海四郊亦有一菜，有嫩头数十枚，状若罗汉，故以罗汉名。此物不能煮食，只供生腌，可纳于瓦瓶之中，杂以橘皮、橄榄同腌，至成熟后，饶有至味。

腊乳腐，以豆腐为之，用花椒、盐、橘红、香菇为之，芬芳扑鼻。糖醋大蒜头，浸晒至五六年后始食，辣气与臭味全无。咸菜卤浸连壳花生，别有佳味。余若风鸡、腊肉、糟鱼、醉蟹、糟蛋等品，皆可自制，既比市沽为洁，价亦当然较廉，是皆年鳌中昔时所有物也。今则世风丕变，虽有盐鳌等犹相沿未绝，然大致已不复如前之多多益善矣。

戏馆中之果碟点心

沪上当同光年间，戏馆如雨后春笋，蒸蒸日盛，有昆班、京班、徽班、山陕班等，大小虽各不同，排场则均一律，当时招徕座客，敬礼俱甚殷拳，以是正厅包厢，昼夜皆备果点飨客，并赠香茗，红淡俱有，正厅系小方桌，每桌六客，桌上例陈瓜子四碟，水果一碟，茶食一碟，包厢每间八客，陈列相同。瓜子，概系水炒，碟中水果为小生梨，或小橘子，或带壳水红菱等，茶食则云片糕数片，或橘红糕十数粒而已。逮戏演至中场以后，又例进热点心一道，普通为花核圆（即小糖圆），夏秋则绿豆汤，皆不取分文者，座客虽以其淡而无味，类均不食，然亦心领其盛意也。茶碗则分有盖无盖二种，包厢正厅有盖，边厢无盖，以示区别。而妓女与洋人之茶碗，则色必异堂中特异，如堂中皆绿色瓜楞碗，妓女与洋人必为白色，堂中皆白色瓜楞碗，妓女与洋人必为绿色，因戏资俱较常客加收二角也。此种戏园优待来宾之风，至光绪中叶，始除去果碟，既而因热点心食者无人，一并止赠，唯茶则直至舞台成立，改泡茶壶茶，另外取资，碗头茶始俱废弃，约计已在光绪末叶矣。若大案目年终请客，照例在十二月内拉局一次，是夕备具高脚玻璃果盆，陈设优等果品，中场后且有大肉烧麦，或馒头等飨客，则概须向客索犒，实闻后来揶装果碟之风，与园主当日对待顾客之心大异，当非始料所及也。

广东茶馆之茶食与点心

沪壖茶馆林立，昔时尘聚之处，南市在城内邑庙、豫园，北市则租界繁盛之区皆有，然业此者皆本帮人，或苏帮人，其他未之有也。光绪初叶年间，英租界河南路广东路口，有粤人创开同芳居广东茶肆，对邻又有怡珍居继之，一般金碧辉煌，装饰非常耀目，茶具亦富丽殊甚，所售之乌龙红茶，味浓色艳，嗜茶者皆饮而美之，谓为他处得未曾有。而各茶桌上，且俱有四方之茶食盒，分格陈列各种广东茶食，如无花果、糖金柑、金橘饼、冬瓜糖等，任客选食，标明价格，每件计洋一分或一分五厘，以迄二分三分，于会账时结算。且更为招徕计，一至中午以后，兼售叉烧馒头、豆沙猪油及糖猪油包子，与鸡蛋糕、伦教糕等，各种点心，食客既可当场就食，亦可用纸裹带回。如是者数越月，两家生涯一般兴盛，于是效尤者接踵而起，各处乃皆有广东茶馆，其设备一切，皆与相可。至民初建国以后，怡珍先以房屋期满收歇，未几而同芳亦即辍业，两主人类皆满载而归，其他之广东茶馆，则已于茶馆业获得位置，先后有开无闭，唯茶食盒则今已废弃不用，点心亦或制或不制矣。

原载《晶报》1938 年 12 月 6 日

饭店弄堂

在十里洋场的上海，一般穷措大要解决衣食住行四大问题，的确是件难事。单以"食"一项而论，马路上虽然开设着许多大酒馆，可是"京菜""粤食"的金字招牌只是允许有钱阶级去享受，在这迫切的需要下，饭店弄堂是应运而生了，而一直保持着它那昌盛热闹的情形。

许多人或者要疑惑"饭店弄堂"这名词的来源，我亦曾问过一位七十多岁的"老上海"，他告诉我说，他初到上海时饭店弄堂已经有点雏形了。这样说来，饭店弄堂长久历史是造成它今日的规模，而它的确已到了黄金时代。

饭店弄堂就是南京路慈昌里的通称，这是一条旧式的弄堂，除通南京路之外，西面亦通江西路，在东面的四川路亦有着两个出口。因为弄堂里大部分都是开设小饭馆小面馆，所以就给大家所熟悉，实靠着它"价廉物美"的经营，吸引了无数的顾客。里面有广东菜的饭店、有本地的小酒店、回教的清真馆、专售面食的"排骨面大王"、西洋风味的咖啡面包店、露天的"平民果腹处"、一天到晚烘大饼油条的面铺、供人狼吞虎咽的年糕摊子……无论哪一种人到里面都会找到他的嗜好饮食，无论哪一种人都会觉得到满意，低廉的代价得到足够的饮食，这真是最"乐惠"的事件了。

洋行的小职员、学生、工人、印度人、巡捕、穷困潦倒的白俄、讨饭的乞丐，都是这里的老主顾。这里有皮大衣高跟鞋烫发的大学女生，有西装革履的"花花公子"，到中午的时候都不约而同地拥了进来，而一批批的吃完了就走，让候补者坐下来解决这大问题。假使天晴的话，露天里还设"雅座"，整个的弄堂挤满了人。那一角还有许多席地而食的工人，白饭之外加三十银的青菜解决了饿的问题。乞丐在饭店门口，花一个铜板买来的鱼骨头、剩饭，白俄在咖啡店里用不纯熟筷子吃菜，印度人在吃着硬面包，大家为着要"活"，都拼命把肚子塞满。

普通花两毛钱到里面去，已吃得很饱，经济饭是两毛，阳春面五分，白饭六十文一碗，豆腐汤两百六十文。贵族化一点，花三毫钱已是吃得不亦乐乎。此外门口有卖橘子的摊子，花三分钱买一只天台山蜜橘，一路走一路吃回去，真使人觉得有点陶陶然。

饭店弄堂是给人歌颂，在这米珠薪桂的时代，它的确是穷人阶级的好伴侣，虽然里面是光线暗淡，空气污浊，万万及不上大饭店的百尺高楼的风光，可是同样给人以满足的享受，它的成名，它的繁盛，当然不是偶然的了。

原载《申报》1939年6月16日香港版第8版

上海的吃

袁余

　　吃是人生最重要的问题，越是文明的国家，对于吃越是讲究。

　　上海是代表远东文明的一大都市，所以对于吃的问题，素来很是讲究。年来人口增多，旅居在上海的，各方人士都有，因环境的需要，所以餐室菜馆、酒楼茶寮，也日见其多。同时因为顾客吃的嗜好不同，所烹饪的方法也各有异别，最普通的有北京菜、四川菜、广东菜、福建菜、杭州菜、宁波菜、扬州菜、镇江菜、常熟菜、本地菜，还有各种西菜、印度菜、犹太菜。

　　北京菜和四川菜，因为烹调得方，滋味最为可口，同时雇佣的侍者也极有礼貌，对于顾客，招待周到，所以生意也最好。广东菜的烹调，各种菜几乎一样滋味，所以除了广东人以外，其他人士去宴客聚餐者，极为少数，广东菜馆有几种特殊的蛇猫这一类的菜肴，则又为其他菜馆所未有。广东菜馆的侍者，一副"不二价"的广东面孔，最为讨厌。他们对于会说广东话的顾客，还有礼貌，对待不会说广东话的顾客，好像吃了不给钱的样子，这是使我们非广东人最不满意的。

　　杭州菜馆烹饪的鱼，是有名的，为其他馆所不及。宁波菜则滋味特咸，善烹海味。福建菜则注重酸辣，扬州和镇江菜馆的特殊菜为"肴肉"和"干丝"，别有风味，为其他菜馆所没有的。常熟菜略带甜味，本地类最适宜上海人的口味。西菜较为清洁卫生，并且宴会时的形式秩序，也比较中菜整齐，所以中上阶级人都欢喜在西菜馆宴客。印度菜和犹太菜，滋味相当不错，不过价格略为贵些。在虹口一带，因为日本侨民较多，所以日本餐室比较多些，不过记者对于日本菜是门外汉，不敢加以批评。

最经济的餐室，是浙江路、东新桥、大世界附近菜饭店，他们的菜肴，只有肉、鸡、排骨、牛肉、辣酱、蛋这几种，花二角钱可以吃一顿饱，可称价廉物美。

还有些餐室，是专门卖客饭的，三角的一菜一汤，五角的二菜一汤，饭可以听客人吃饱，在现在各样物价都贵的时候，这也算的经济实惠的餐室了。

上海的茶室，现在是最发达的时期，每一家都有人满之患，有的夏季有冷气，冬季有水汀，使顾客在夏季忘天空的骄阳，在冬季不知户外的风雪，这是何等舒适，无怪营业要发达了。不过几家规模小的茶室，因为设备简陋，所以营业依然凄惨。

绍兴的酒在中国是有名的，虽然外国酒怎样的名贵，我觉得色香味三者，都不及绍酒的好，所以上海的绍酒店每当夕阳西下的时候，每家总是客满，有些规模大的酒店，还兼营着菜馆呢。

上海人的口福真好，要吃什么就有什么，不过这句话是对有钱的人讲的，没钱的人还是在空着肚皮挨饿呢。

原载《和平月刊》1939年第6期

小菜场点心摊巡礼

文琴

为了要找些新奇的尝试，特在一个仲夏的清晨，提着菜篮，携着小伞，不用随员，只身到附近的白克路[1]小菜场去买菜，乘便在旁边作了一个点心摊的巡礼。在百物昂贵的现在，当然，这点心之类的东西，也被卷入涨价苦闷的漩涡里了，从摊主们的诉苦声里，摘录些鳞爪，也可以算是一个社会另一角的报道吧，

因为时间尚早，白克路上行人还稀，三三两两的娘姨大姐们和装满了菜蔬的独轮车，以及送货的脚踏车暂时点缀着这静谧的街道，白克路梅白格路[2]的三叉路口竖着一块牌子，"单乘车辆，此路只准由南向北，不准由北向南"，这块牌子居小菜场的西北角上，向南数去十来个门面和向东数去二十来个门面，长宽相乘，便是这小菜场的面积了。这个小菜场规模不及八仙桥小菜场的伟大，市面还不及陈家浜小菜场的繁荣，但是也算小巧玲珑，不失为一个上乘的小菜场，如果嫌别的菜场烦扰，也不妨到这里去采办，准会给你满意的收获呢！

---

1. 编者注：白克路即今凤阳路。
2. 编者注：梅白格路即今新昌路。

就在这菜场的北面边缘上，排列着各色的点心摊基，冷热荤素干湿，莫不应有尽有，蔚为大观，其中以大饼摊为最多，约占其十之三四而强。我因知道大饼近来涨成二分一个了，想从他们从业者的口里知道些其他情形，于是走近一个饼摊，先买了两块大饼，果然比以前大得多了，旁边还有比油酥饼的直径长二分的圆饼，是一分一块，其时一个老婆子正在煮着一块薄饼，我就以恭而且诚的态度问她："老奶奶！这叫什么饼？"于是她的话匣打开了，她说这是油饼，一毛钱一块，以前是五分一块；旁边厚而且硬的名叫强（不知是否此

卖豆腐脑

大饼油条摊
刊载于《时代》1931年第2卷第3期

大饼油条摊
刊载于《良友》1933年第76期

字）饼，要卖五毛钱一个，这是切开来另卖的；油条二分一根，她说油条比以前长多了，又说到面粉之贵，以前卖三元一袋，如今要卖六元多一袋了；芝麻一元两斤，从前可以买到四斤五斤哩；煤屑一担价钱四元余，以前不过两元就可以了。这时她的油饼已经煮好，把扁锅往上一提，我发现下面烧的是煤球，她又申说这个炉身浅，不适宜于烧煤屑，她又沉痛地说："唉，煤球也贵了呢，三元三角一担！"她真挚地看着我，我同情地点了点头。

右首的芳邻是一个粥摊，一碗碗热腾腾的白粥，还有绿豆粥蹲在板台上，桌旁坐了几个苦力，正在"嘘嘘"地喝着粥。过粥菜有黄豆、花生、乳腐和皮蛋，除前三者有主顾赏光外，皮蛋却无人顾问。一大碗粥售价四分，一小碟豆二分，一小块乳腐一分，只要花六分钱算可以买一个饱了，挺实惠。刚要转身走去，瞥见桌上的玻璃框子里有一张鲜明的红纸，只见上面写着疏疏的几行小字，我还记得"诸位顾客，请原谅，六分找进，七分找出，本主人白"。真觉直率可爱，不过我不大明白它的真意，大概是关于邮票和毛票的问题了。

再过去是一家卖豆腐浆的摊基了，板凳上坐着一列顾客，其中最引人注目的是一位留着八字须儿的老先生半偻着身子和坐在身伴的小女孩合喝着一碗豆腐浆，碗置在她的面前，他们一面喝汤，一面吃着粢饭，好像津津有味，小女孩吃得很慢，老者手握着羹匙，欲下未下，那种老子爱子女的真情，表露无遗。

这里也有冷饮室，也算是别致的一隅，这里布置得相当的清雅，够得上鹤立鸡群了。桌上铺着白布，板凳上铺着蓝布凳衣，这凳衣和桌上的黄色碟子映成对比的颜色，顿觉眼前明亮起来。玻璃框子里的价目表上可以看出，有卫生绿豆汤、百合汤、冰汽水等等的名目，而标着的价格也很克己。这时汽水架子的阔板上睡着一个赤膊壮汉，正在回转地打着鼾声，骤然见之，不免一惊，这样的配置，实在太不相称了，好在此时还没有顾客，让他去追寻着胡涂的梦吧，我又匆匆地走了过去。

我还得一述最兴隆的摊基了，它的招牌——一张贴在墙上的红纸——名叫美味居，从吃客们的埋头大嚼，与旁观者的咽着口水，就可以证明此牌名副其实了。摊面虽然很小，可是在无形中却也分着三个等级：靠街的板凳上坐着三个黄包车夫，他们的蓝布衣服上背着号码字，真像开运动会时的运动员，不过数目很大，记得一个是九〇六七；横里板凳上坐着一列白色的吃客，最里面的一端傍着一张小方板台，端坐着一位戴着老光眼镜的老先生，他是荣坐在高尚的雅座里了。他们有的嚼着牛肉大面，有的吃着阳春面，有的怪悠闲地咪着高粱茄皮，价钱可并不贵，牛肉大面九分一碗，阳春面五分一碗，茄厘牛肉汤六分一碗，庄源大的绿豆烧六分一小盅，五茄皮八分，次酒也有五分一盅的。如果你不慕虚荣，喜欢讲实惠，我愿意介绍你去试吃一顿。假使不嫌麻烦，先到对面买就一团粢饭，再到这里叫上一碗茄厘牛肉汤，或者加上些胡椒，或者酌上一盅绿豆烧，所费无几，落得一个醇

大饼油条摊

饱，真是上算极了。眼见那位老先生吃毕，捋着胡子，长咳一声，扬长而去，几个苦力也拍了拍肚子，很精神地提着车杠走了。这里的老板周旋在各色的主顾间好像很乐意，但是，出乎意表的，他也染着了流行调儿了："你不要瞧这里的生意好，现在各样东西涨价了，我们自己的吃能够挨过已经是很好了。"他露着满心苦恼参半的笑容继续地招待着顾客们，无论如何，在我看起来，他是暂时不失为一个点心摊的幸运儿哩。

当然，其他还有藕粥、汤山芋、煎面、煎馄饨、粽子、圆子之类的点心，但观乎前述的生活情形也不难料想到其他了。我在这里徘徊了许久，好像引起了大家的注意，篮里的大饼已冷，于是转入菜场，置身于喧嚣的世界里。

原载《申报》1939 年 8 月 15 日第 11 版

吃在新年里

天籁

　　阳历新年过去，接上便是阴历新年到来，这可说是白相的日子，也是吃的日子。说到白相，上海尽有不少去处，也不用在下多来啰嗦，讲到吃，就有不少门槛，我现在一件一件分别写在下面。

　　跑到馆子上去摆春酒，最好你要先把菜单来看一看明白，不要一味任他们去配，有许多馆子菜牌上是写明白的，冷盆几味，热炒几道，大菜几个，点心几样，而且分别开明菜的名目，有许多只写菜几道，不肯将菜名目开出来，那末你最要紧是要问他热炒，炒点什么？大菜是几个什么？这里我告诉你就是馆子上的鱼，黄鱼、鳜鱼、鳊鱼，还有鸭子、鸡，多多是靠不住的东西，完全冷气库内搬出来的，早已失去它本来的原味，最一无吃头。

　　他们的黄鱼、鳜鱼、鳊鱼早在几个月之前大批买进，杀好之后，藏到冷气库内，来价邪气便宜，老大的黄鱼、鳜鱼，只不过二三角钱一条，来得多还不到这数目，并且进货的时候，已经不甚新鲜，再经过长时期的冷藏，可想而知，决不会可口。所以馆子上关于鱼一道菜上来，只须一看，便一目了然，鱼的眼珠早已四边离空，中间凹得很深，这便是显出鱼的本身已经不新鲜，其肉大都是酥腐，烂渣渣，上口已失鱼的鲜头。肠胃欠佳的人，不留意吃下去，包定当夜泄泻，或引起旁的胃肠病。

其次还有一味鸭，也是不新鲜的。跑到馆子里吃鸭，以为是一只大菜，很敬重客人，最是瘟生，要晓得他们进货之时距离现在摆席面烧给你吃的时候，已经有七八个月之隔，他们的鸭都是打从乡下专营鸭生意的人那边定来，这一票鸭出世不过二三个月，吃不到好的食料，一天到夜散在田野里、河塘边。所谓新鸭顶无肉，只一层皮包骨头，平常我们上小菜场买鸭，买到这种新鸭，便宜的时候从前只不过七八角钱一只，现在百物昂贵，也跟着涨上去，只也不过一块三四角钱左右，可见同老鸭一比较，相差一半也不止。馆子上就向这批经营养鸭的人收买来，进货的时候都在春天，都是论一万只二万只的买进，大约每一只合下来只有不过三角钱左右，可想而知它是非常便宜的。馆子上买进，统统杀死，鸭肫干有人收买去，鸭舌头又有人收买去，鸭掌又有人收买去，甚至鸭毛、鸭肚什，都有人买去，他们合下来每一只鸭只有二角钱光景，起码要开你一块半钱到二块半钱，而给你吃的，就是这一批七八个月前的隔宿冰冻鸭，你想它的原味早已失去，硬把别的鲜汤烧得你辨不出滋味，假使我们知道有这一桩把戏，绝不会要吃这一味断命全鸭的。可是原席头煞末大菜里，馆子上都给你配下这一道菜，我们知道了这个原因，宁可不要吃鸭，叫他们改换别的名目，当然也可办到。

还有南京馆子上的填鸭，这种鸭又是一种名目，肥果然很肥，只头也大，然而非四五块钱吃它不到。还有馆子上的鸡，他用原只头极少，都是斩盆子的多，原来这一票鸡，临到要杀时候，先给它硫磺一吃，鸡的身体自然而然会胖大起来，犹打气的猪肉一样，便也失去鸡的原味，我们最好也不要去吃它。

新年里面的吃，当然唯有自己上小菜场去买心中欢喜的回来，命自己妻子烧来吃最上算，也最实味。几个朋友一定拖住上馆子，我认为最无谓的，况且新年里面样样要双开销，搭来搭去都要花钱。有一次我在一碗炒冬菇里面翻出一只大油虫，样子仿佛一片冬菇。假使一位近亲误食下去，嚼了一口才会知道。如果我们跑到他们厨房里去看看，那脏的情形，你看见也许从此不会上馆子了。这里我不得不又介绍馆子上几味可口的小菜，以便给不得不上馆子宴客的人参考。

川菜

馆子以四川菜最清洁味美，他们的菜价都比一般普通馆子为大，最拿手名菜有：奶油玉兰片、辣子鸡丁、炒骨肉片、加厘虾仁、椒盐虾糕、炒橄榄菜、凤尾笋、炒野鸡片、炒野鸭片、米粉牛肉、米粉鸡、奶油广肚、火腿炖春笋、白汁冬瓜方、鸡蒙红豆、红烧安仁蟹粉、蹄筋四川腊肉、酸辣面、鸡丝卷等等。这都是四川馆子最拿手著名的菜，而且只只厚味，要吃辣加辣，不吃辣不用加辣，如凤尾笋进口而会化，米粉鸡的解嫩入味。二三知己进去细酌，还宜点只把辣子鸡丁、炒骨肉片、红烧安仁蟹粉、粉蒸牛肉、奶油玉兰片等等，可说价廉而味美，很是实惠。

苏菜

是苏帮馆子的菜，颇有吴门风味，价也便宜，他们有只告化鸡，烧法特别，肉酥而出骨，吃进嘴里又鲜又嫩，据说烧的时候，将鸡杀好，除去肚杂，加油盐酱葱屑，而后四周涂以烂泥，成一圆球，投在火内煨上十二小时，而后敲去泥，便成一美味的告化鸡。现在鸡价飞涨，这一味菜，至少要四五块钱。其余如鲍肺汤、圆菜面。圆菜面就是甲鱼斩做块头做面浇头，也只有苏帮有这味茶。

平菜

平菜就是北平馆子的菜，上海有不少北平馆子，著名的菜有：糟溜鱼片、辣白菜、冻鸡、红烧鱼唇、走油肉、松花拌鸭掌、烩熏鸡丝、溜炮肚口、麻菇巴汤、鸡粥鱼翅、芙蓉蛋等等，他们的定价并不贵，一席十一二块钱的菜，也足够十来个人吃，所以宴客还是北平馆子为宜。三五人小酌，只须点上四五道菜，也足够敷衍。他们的和菜搭配也很考究，不懂点菜的人还是吃和菜上算。

徽菜

　　徽菜就是徽州馆子，近年来非常落伍，他们不事改进，墨守旧法，一味重油，上海人不像徽州人那欢喜吃油，每个菜面上，临时端上桌来，还浇上一批油水浮在上面，叫人先要倒胃口。然而菜馆并不是不曾出过风头，因为那时候馆子少，不像现在的多，吃客一比较，便认徽馆的菜不值得一吃，所以近年来一家少一家。他们也有拿手的菜，到现在还有人去吃的，就是炒划水、清炒鳝背、狮子头菜心底。其他可口的也还有几样。如果宴乡下亲眷，倒还是徽馆为宜，乡下人不是爱油重的吗？

闽菜

　　闽菜便是福建菜，他们以海味居多，做的菜也特里特别，有的腥气难闻，他们也有拿手著名的菜，如匀波螺肉、香糟田螺、拌龙虾、炸溜田鸡、清蚌肉、红烧龟裙、烧蛏羹、蟹黄鱼唇。他们的菜，一律近于水产海味，鲜果然是鲜，然而非福建同乡还是不要尝试的好。而且价钿并不便宜，近年来有些衰落之象。

教门馆

　　教门馆没有猪肉，这是大家知道的，可是教门馆近年来非常发达，新开出几家，吃客很拥挤。他们是依靠牛肉为主，鸡、鸭、虾辅之，如板鸭、烧鸭、油鸡等等，牛肉一类名目更多，如洋葱牛肉、五香酱牛肉、牛肉圆子、牛尾汤、炒牛百叶、炒牛肚丝等等，但是只宜小酌，不宜宴客。

宁菜

就是宁波馆子的菜，他们也是地临海滨，菜以海鲜居多，并且多汤，不是宁波人，还是不要跑上宁波馆子，他们的菜仿佛福建菜滋味，又腥气，又生赤，吃了之后不留意还要呕出来还敬他。这里我不愿意介绍他们的拿手名菜了，就此结束了吧。

原载《上海生活》1940 年第 4 卷第 1 期

普罗饭店速写

韦格

下层阶级的啖饭所

所谓普罗饭店，就是大众化饭店的别称。普罗一词，系英文普罗列塔利亚的简写，如文学上有普罗、小资产阶级与贵族等区别，本埠饭店林立，露天饭摊，不能与高贵的饭店并立，因僭以"普罗"名之。

大雨伞下的长餐桌

路过贝裼鏖路[1]、平济利路[2]、马浪路[3]一带，在人行道的边缘，能见到一列一列的长台子安放着。无论是大好天气或雨天，总有一顶大油布伞在那台子的一旁矗立着。长台子上零乱地陈有一只只发着乌光的盛器，因为有的是木制的，不能一律说它是罇。一只绝大的筷笼，足能容纳几十双筷，

---

1. 编者注：贝裼鏖路即今成都南路。
2. 编者注：平济利路即今济南路。
3. 编者注：马浪路即今马当路。

这些竹筷，已失去原来的外表，而像上过霉色的厚漆一样。瓷碗残缺的居多，与荒山的古塔相近似，油水从最高一只碗循序滴下。长台的下倾处，姑且称它为盆地，就注满了水。台旁的大铁镬，正四射着满锅饭香，吸引那已觉饥饿的人。一辆空的人力车缓缓过来，车夫正准备暂停营业，饱食一顿特快午餐。同时摊上的小伙子，见有空人力车拉过，会跑上去拉了车杆，强制地招徕生意。这种饭摊的顾客范围很广，连荐头店里在等候命运的男女，也相率前往果腹。

露天饭摊，刊载于《时代》1931年第2卷第3期

咸菜，黄豆芽，白饭

这样简单的饭店里，居然也有菜单，自然这不能和文瑞印书馆所印的相提并论，但玻框一具，墨痕数行，倒亦别有风致。其实他们没有菜单也行，因为每只罉里所盛的如咸菜、豆腐、黄豆芽之类，即已明白告诉了顾客。而且种类有限，价格一律，老吃客早就肚里有数。普罗饭店里的座上客，大

都没有"坐相"，有把脚翘在凳子上的，有左手抓背右手执筷的，姿态互异，形状各别。吃饭时则无一非狼吞虎咽，而且速度惊人，这也是米价越贵，穷人饭量越大的明证。

穷得这样还寻开心

浣纱溪畔的西施大约并未呈请专利，以致她的芳名到处为人袭用，汤团西施、豆腐西施……之外，普罗饭店林中，也难免来一个饭摊西施，猜度起来，这是穷极无聊的小六子、小三子之类所给予略有几分姿色的饭摊女郎的雅号。有时行

苏州河边的露天饭摊

经普罗饭店，看见三五座上客，正与当炉女厮缠，少女锅铲一举，作欲下击的姿势，口中骂着："死不要脸的，穷得这样，还寻什么开心？"但黄包车夫大多是穷得不堪，缺乏绮思，如遇娇声呼车的，一手揩嘴，忙着拉车就跑，生活要紧，也顾不得饭后不宜剧烈运动，以及秀色之可餐了。

他拉车，我坐车

黄包车夫中也不乏富丽人，饭桌少人挤，并坐者适为一短衣赤足朋友，吃好惠钞，我的二元六角，他的却超过我二分之一，起初以为他是外滩的扛棒，力用得过分，所以饭也吃得过分，万不料他是黄包车夫。走出门首，见他往黄包车的车杆内一站，从垫子拿出自来火，开始吸嵌在耳朵缝里的烟尾，因为我当门犹豫，就向我嚷："先生，拉块去？"春雨缠绵，道路尽湿，不忍糟蹋布底棉鞋，就以六角钱成交。饭时并肩而坐，饭后他拉车，我高踞而坐，可见得我辈坐车的虽比拉车的舒服，但他们跑跑普罗饭店的，有时也有豪举呢！

原载《申报》1942年3月12日第5版

冷饮陈列馆

影采

天文家曾预言过今年没有夏天，我们听了也不觉得什么，而冷饮商闻之，会直跳起来。如果真的没有夏天，那冷饮品的销路，将出一记冷门，而要永远地冻结在冷宫里面了。可是照这几天的情形看来，太阳高挂，中午时节，柏油路面开始溶软，夏天毕竟有的，天文家胡说八道，冷饮商又转忧为喜，破涕而笑，振作起精神，着意于生意经上面了。

的确，夏季是冷饮品的世界，马路边，街道旁，哪一处不见冷饮。自初夏起展开了，直要到中秋后才静寂起来，经过的时间那么长。整个的冷饮季，上海人不知要消耗几多钱于冷饮上面？否则街头路角，何来如许冷饮商贩？可惜没有确实的统计，不然，这章消费的数字，一定大有可观。

冷饮市是跟天气的凉热而转变的，几日来天气一热，冷饮市突呈活跃起来。在东方巴黎的上海，制造冷饮的工厂，规模最大者，当推美商海宁洋行。厂址在虹口，日军占领期内，曾遭毁损，机器也被搬去或毁去一部。但胜利后，经过几个月的整理，到现在出品又相当快速，预备在整个冷饮季中，以最迅速的方法，供给冷饮于全市食品商店。

提起了海宁洋行的冷饮，便会不自觉地联想到美女牌来，

街头冷饮贩卖车

美女牌是海宁洋行的特种标记，凡是海宁洋行的出品都以美女为记，而烟兑店、水果行门口，所陈设的黄色冰箱，也有美女牌为记。据说这种冰箱，还是战前租得，现在是没有了，成了奇货，旧有的租户，再也不肯退租或转租给人的了。

　　就上海的冷饮市作一个鸟瞰，那么烟兑店、水果行之类，大都兼营，而食品店里，也设起雅座来，称之曰饮冰室。门口挂起旗子，随风招展，另有一种新的气象，他如舞场、酒吧、电影院、京剧馆，都有冷饮供人选购，而几个公园里面，也设有冷饮的地方。这样看来，我们每到一处，如果想消暑解渴，是不忧买不到冷饮品的了。

大世界一段食品店很多，而一到夏天，那边也成了冷饮集中的市场。一般的食品店，都点缀一新，设有冷饮的雅座。有几家广东店，还陈列了全部制造冰淇淋的机器，当众制造。而青年会附近有一家出售北平酸梅汤的商店，更是出名，闷热的日子，一天到晚有青年男女，排了队买酸梅汤呷。

再看到马路上，凡是行人较多之处，走道上面，走不多步，就有冷饮摊子，露天摆着。桌子放满了汽水、鲜橘水、可口可乐之类，汽水可以开瓶卖，大杯、小杯，随你意，和卖茶的孩子，隔马路对立着，这是苦力与车夫的消暑解渴之所，每年此日会出现在街头的。

看到各个出售冷饮的商贩所备货品，自冰淇淋、鲜橘水、棒冰、白雪公主、汽水、刨冰到凉茶、凉粉、绿豆汤、地力膏，中西合璧，一应俱全，不啻使上海出现了一个冰饮陈列馆呢！

原载《申报》1946年6月11日第8版

街头面包摊

吉云

在美国货充斥于市的上海，吃的方面，不但美国罐头在畅销着，连平民食量的大饼、油条、粢饭、豆腐浆，也受美式配备的吐司所压迫得透不过气来。其他国货制品，所受打击，更不言可喻了。

以前每天早晨出来买粢饭、豆腐浆的娘姨，现在主人更变命令，捧了个热水瓶铁匣子，在购买摊头上的牛乳、吐司，虽然主人并没有改变，但是因为吃了美式食品之后，好像身份已经增加了似的，或许他们坐着如是观。

新兴事业的面包摊，已流行在每马路的角里。一副作台板或是一只长形有轮子的活动柜台，上面铺着各式的餐毯，几幢美国罐头，装到高高的，和面包并列着。花色并不多，除了面包之外，只有咖啡、可可、牛奶（都是炼乳）、白塔、果酱这几种。做这种营业的，大抵只有两个人做搭档，一只炭炉，既可以煮水，又可以烘面包，的确是一种本轻利重的买卖，卖相也比较清洁卫生，因此中流阶级，也成了他们长凳上的吃客。

每一个摊都有着动人的名称 —— 吉普社、好莱坞、DDS等，价目单上照大食堂一样，用着英文，虽然主顾中间，并没有英美国籍，但是非如此装洋，上海人是不肯"上簇"的。

他们的价格，大抵一律，牛乳二百元，咖啡牛乳、可可牛乳三百元，白塔吐司、果酱吐司二百元。也有咖啡、可可、牛乳卖四百元的，并不怎样轩轾。但是吃最好的，至少要吃两客，才能果腹。不过究竟是平民化的东西，就是小职员也可请教。

曾向摊主讨教过，每天大约可做五六万生意，全上海已有一千多摊，每天所销的美国货，也很可观。不过他们这种营业也不容易做，一天之中，只有早晨生意最好，晚上已经可以罗雀，中饭更冷落得可怜，原因是吃不饱，只能作为点心之用。

街头食店，天明绘，刊载于《申报》1943年3月9日

他们情愿领取照会，不过做不到，于是一不留心，便要捉将局里去，不并要罚款，第三次要把所有吃饭家伙，统统充公，落得本钱都完结，空手回家。天气冷起来，或是连落几天雨，谁肯在风里雨里吃呢，所以眼前生意好，将来迟早要本钱吃光的。

原载《机联会刊》1946年第188期

五 谷 余 味

谈月饼

穗芳

一年一度的中秋佳节，眨眼又要到了，各茶食店内的中秋月饼，又上市了，他们都在那里钩心斗角，用了五颜六色的绸布，扎成了各式各样的彩，有时还装了五彩的小电灯，无非是要使路人注意他一块"中秋月饼"的招牌。

吃月饼，黄仲长绘，刊载于《图画时报》1930年第689期

说起月饼，也可以分为广东月饼和本地月饼。广东月饼当中，也可以分为两派，一派是广州人做的，一派是潮州人做的。本地月饼当中，也可以分为苏派和宁派。广州人做的广东月饼，南京路先施公司、马玉山糖果公司、五马路同芳居、爱多亚路张裕酿酒公司、各大小广东食物铺，及虹口一带，均有出售，每只的代价，总要大洋一角半左右。它的馅子，

有甜百果、咸百果、豆沙、绿豆蓉、南腿等多种，一只月饼，差不多有好重。

潮州月饼，与广东月饼却两样的，一个是圆而厚，一个是大而薄，比较本地月饼，约大四五倍，五马路元利糖食店、勃郎林糖食店等，均有出售。代价较广东月饼稍廉，它的馅子，是用糖与猪肉捣得烂而润的，吃起来要粘牙齿的。

本地月饼，苏派和宁派是差不多的，它的代价，较广东月饼便宜得多了。本地月饼，用白纸糊成的，每盒约洋六分至一角左右，而且还有四只咧。他们的销场，较广东月饼广得多，堂十帮节边送礼，都用本地月饼，如大马路老大房、邵万生，偷鸡桥天禄，四马路稻香村，石路的王仁和等的月饼，现在堆得很为好看，有时还搭成各种花样，等到一到八月半，所有的月饼，可以销售一空，后来者，还有向隅之叹。

从前的月饼盒子，都是不考究得很的，近三四年来，大家竟在盒子外面的装潢上，考究起来了，一只盒子，做起来也要几分洋钱的代价，因为用了五彩的石印，印上了什么嫦娥奔月、花好月圆、中秋赏月、唐明皇游月宫、蟾宫折桂等等图画，使买客得着一种美观的外感，来做成他们的生意，这也是卖月饼老板们的一种招徕法啊。

原载《申报》1925 年 9 月 23 日第 19 版

谈重阳糕

菊屏

　　重阳食糕，无殊中秋食月饼、端午食角黍，虽素不喜糕者，亦必勉为一尝而后已，此时令上之习惯使然，由来远矣。糕之制法，以干米粉和糖蒸煮而成，因中多粳米，故松而不软，味实远逊于年糕。今之茶食店，万物力求精美，此糕倘能改良，则消数之巨，安知其不能并驾年糕月饼哉。为述重阳糕之品类如下：

磨米做糕

重阳糕，圆形而厚，大者足尺许，高三四寸，面划斜方纹，置红绿橙子枣肉胡桃于上为点缀。此糕大都碎切零售，唯赠送亲戚，作盘礼用者，则购整块。其味不甚佳，数食即生厌，反不如寻常之叶子糕也。

　　叶子糕，方形，面作叶子纹，大可一尺，厚四五分。此糕料同重阳糕，有红白两种，红者稍软。中秋前后，即已上市，普通人家，均购此以应重阳之令节，取其轻便，而味亦不恶也。

　　软糕，此唯叶榭镇有之，实即叶子糕也，唯粉白如雪，质软可爱。因得为一方之名物，他乡之人，多有特购为节礼之用者，然究非美味，多食亦易生厌。

　　茯苓糕，即叶子糕中夹白糖一层，少入桂花，重阳诸糕，此为最适口矣。

原载《申报》1925 年 10 月 27 日第 17 版

年糕之种种

厥蘋

年糕为应时茶点之冠，其消量之大，食期之永，虽月饼犹瞠乎其后，重阳糕更无论已，盖月饼至中秋而即止，年糕则逢元旦而益盛也。查沪上所售之年糕，原有苏派浙派之别，苏派甘柔而适口，浙派芳香而坚洁，各擅其胜，莫容轩轾。近则凡属茶食肆，无不兼营并蓄，已无派别之殊，唯糕饼店中所售之淡年糕，犹自别标一帜，茶食肆尚未仿制耳。兹条举其品类如下，倘得阅者诸君，为政其谬，则尤记者之幸也。

猪油年糕，是即苏派之正宗，法以糯米粉和糖煮熟，一捣使和匀，遂加入猪油、玫瑰、桂花等物，搓成长条，工事已毕。此糕桂花者色白，玫瑰者则微红，顾其红色，胥以颜料染成，故吾人购食，以白者为宜。

桂花年糕，此为浙派，盛行已久，自猪油年糕昌盛以来渐趋冷淡。制法于糯粉中稍入粳粉，水量极少，力捣而成，故能久藏不败，但益干硬而已。此糕虽有黄白之殊，仅因糖色而异，其口味与价值，均无分别也。

条头年糕，质料与猪油年糕大同小异，但不加猪油，且变其式样为细长条，取其利于零卖耳。其有制者，先将豆沙包裹于糕内，如一大汤团，然后搓之使长，其形自然均匀，亦制者之手术也。

淡年糕，原系宁波派，先将淡米粉搓成团煮，然后取出力捣，随即制成牛舌状。此糕属于糕饼店，其来自宁波者，能久置不暴裂，久浸水不浑，其色亦较为洁白，食时汤煮油炒，或甜或咸，均无不可。

元宝年糕，以桂花年糕之料，制为锭状，唯财旦日祀神用之，无食者。

寿桃年糕，又名糕桃，质料同上，亦唯祝寿及迁居时，用为礼盘。

万年糕，将万瓜（即南瓜）煮烂，和入白糖米粉，搓成糕形，置蒸笼中蒸熟，亦有印成花文，或以豆沙为馅者。此乃家庭中应时食品，风味绝佳，店肆中无制售者，亦憾事也。

原载《申报》1926 年 1 月 7 日第 17 版

谈谈庄家行的粽子

巌蘋

　　各乡镇往往有一种出名的食物，像南翔的馒头、叶榭的软糕、泗泾的腐干、枫泾的冰蹄，都是别镇上所做不来学不像的独得之秘。可是庄家行（在浦南，属奉贤县，距上海约百里）的粽子，尤其芳香适口，肥美绝伦，倘若尝过了一半，便是有巴掌飞来，也得暂时忍耐着，待吃完了，再讲脸上的痛不痛哩。现在端阳节里，就把来介绍给列位辨味家，当个应时的节礼罢。

　　庄家行粽子的好处，第一在芦箬的别致。他这芦箬，不是寻常的芦箬，却是一种竹叶，叫做箬竹，而且每裹必采鲜叶，所以别有一股芬芳之气，令人闻之垂涎。他们粽子的品类，甜的咸的，应有尽有，那普通滋味，随处都有的，可以不用说它，其中最是使吾食而忘其味的，该要首数腌鲜粽了。这腌鲜粽，是拿腊肉和鲜肉合凑做馅，腊肉是乡间家庭食品，在严冬的时候，把鲜肉腌制而成，店肆里是向来没有售卖的，那腌制最得法的几块，简直是肥美芳香，色味俱胜，便是有名的什么云南火腿啊、兰溪茶腿啊，也未必能够胜过了它。列位可还记得松江的竹叶熏腿吗？也不过是腊肉上熏上些儿竹叶香味，这腌鲜粽，一般也是腊肉而沾有很浓郁的竹叶清香的，便可知它的风味，委实不同凡俗咧。

　　还有一种骨头粽，倒也有特别的口味（这种骨头粽，上海售卖的很多，可奈肉小得和鼠尾一般，淡而无味，不能并论），这是拿一块肋肉连骨裹成的，吃起来不知怎的，总觉和常肉不同。有人说，好肉生在骨头边，骨中原含着与众不同的美味，只是人家因它是骨头，都不注意罢了。如今他把一块生骨包在粽内，上劲地一煮，拿骨中真味，完全煮到粽子上去，自然要其味无穷哩，这话似乎倒也有理。或者就是这个缘故罢，他们的粽子，裹得很松，煮得很透，把那米粒煮得像黄豆一般大，馅内已到糜烂的程度，所以入口便化，毫不粘嘴，只觉得一股清香，直冲鼻管，那口中含着的一口粽子，已经自然而然地钻下肚子里去了。

　　庄家行离上海不远，列位辨味家何不仿照南翔去吃馒头的办法，也去试一试呢。倘说滋味不好，回来尽可和在下理论，追偿损失；好呢，请带几件回来，酬报介绍人。

原载《申报》1926 年 6 月 14 日第 17 版

月饼琐谈

转陶

　　月饼状团圆，故俗于中秋食月饼，以中秋有团圆之月也。今我弗谈中秋之月而谈中秋之月饼，傥为老婆所乐闻欤。

　　老式月饼，均装以极薄之纸匣装满，既不美观，形式又极粗陋，其馅亦不外豆沙、白糖、百果、枣泥数种，取价低廉，每枚仅铜元三数耳。苏州之稻香村，以月饼著，所制即为粗陋之品，而每逢团圆节届，月饼上市之候，利市三倍，购者塞途，八月未过，无不售罄，故稻香村每岁之收入，以月饼为大宗。犹忆江浙战争，苏人避难沪上，桂花香时，战祸未罢，于是月饼乃大受影响，稻香村是岁即以亏绌闻矣。

　　月饼既以稻香村为最佳，然其式样则十余年来如一日，未尝求形式上之美观，而吴人购者，亦十余年来不衰，良以不尚形式而以味胜也。

　　上海月饼之盛胜于苏州，每逢八月，各食品公司，无不争奇斗胜，蔚然为月饼之林。往往巧立名目，制为异形，以取悦于顾客，其价且十倍于苏州稻香村所制者。沪人好奢，即此月饼一端，以足窥其余矣。

　　吾人行经精美之食品公司时，常见有硕大无朋之月饼，陈列于玻璃橱中，月饼之上，复缀以种种五颜六色之糖果，缕成婉蜒屈曲之花纹，行人见之，徘徊不忍遽去。店中人善于运用脑筋，可谓穷思极想矣。唯此种月饼，仅足以供观瞻，不足以快朵颐，盖吾辈非老餐，见之实不忍使之遭齿劫也，如以之为礼物，则确称馈送品之上乘。

月饼之馅，愈出愈奇，有为吾人所不知者，然珍奇之解，终不及豆沙为最酥腻，枣泥次之，百果则下驷矣。故月饼之肆，必多备豆沙与枣泥，否则，必致求过于供矣。

初时稻香村之月饼，最大者只若英饼，今亦稍稍大矣。沪上普通之月饼大如英饼之四倍，每匣盛四或二，匣上每绘以五彩之花纹，间有绘嫦娥者，取月里嫦娥之意也。食品公司之大者，每届秋令，恒陈列各种月饼，供人参观。今岁安乐园，且开一月饼大会，邀新闻界前往与会，一时颇多佳话，亦月饼声中之佳趣也。

原载《申报》1926 年 9 月 21 日第 17 版

谈谈叶榭的重阳糕

菊屏

　　一年四季，不知有多少良辰嘉节，可是古来历法专家规定下来的吃糕日子，却只有新年和重阳。新年呢，界限很宽，自从来年吃起，一直吃到元宵节后，还不算过期。独是重阳，却只一日，必须九月九日吃的，才算时髦，若不在此日，便是吃了，也不肯承认吃的是重阳糕哩，因此，在重阳日吃糕，越发觉得有味了。

　　重阳糕的制法，大概是黏米粉和糖放在尊糕罐上蒸煮而成的，那形式有特制和普通两种。特制的是圆形，横径一尺三四寸宽，二三寸厚，一尊的重量直要二十余斤，顶上点缀些桂圆、蜜枣、红丝、橙丁之类。因为蒸儿太大了，不容易蒸透，反不如普通的柔软，倘若一个不小心，还会夹生咧。一尊糕的代价，须要袁头三四颗，人口少些的人家，把它当饭吃，也要吃上几天，可不要腻烦吗？所以只有绅富人家，买来送亲戚，摆阔气，才用得着。平常杀杀谗涎，倒是普通的实惠哩。

　　普通的又叫做软糕，是七八寸大的方蒸，厚只三四分，切做大指般阔的狭条儿，上面再渧上很密的横纹，和百叶窗形状差不多，因此也有叫它叶子糕的。蒸儿既这么小，价值自然轻便了，花上三四角小洋，便能买它一尊，而且也有零卖的，三条五条，都可买得，这才配得上我们焚大吃客的胃口呢。这糕虽说是重阳糕，其实八月以后，常常有得出卖，不过名义上终算是重九节的应时食品罢咧。

叶榭是浦南奉贤县属的一个小镇，市面虽不大兴盛，可是他们的软糕，却有比众不同的好处，名气也很大，凡属到浦南去经商的人（按浦南产花米很旺，米即南港米，前去收买的水客甚多），多少总要买些，拿回来分送亲友，因此上这糕的名气，就慢慢地传遍了浦江流域，和南翔的馒头、泗泾的腐干，一般称为上海附近的名产哩。可是这糕，并不是徒有虚名的，委实有人家做不到学不像的几个好处：第一是颜色十分洁白，望上去几乎误认是一盘白雪，吃在嘴里，很是柔软，却又绝不粘齿，并且另有一种特别的甘芳之味，简直百食不厌啊。最好不过的是冷了也不发硬，隔了一二夜的冷糕，还是松软如绵，像新出笼的一般适口，这真不懂他哪里来的秘诀呢。

记得前清末叶，有一年冬里，十分寒冷，浦江中浮着无数冰排，经过了十多日，还不融解，那时在下恰从浦南乘船回家，经过叶榭时，买了四角钱的软糕，因为坐着冷得实在受不住了，只得躲在被窠里，饭也不想吃了，拿冷糕来充饥，吃吃停停，在船上挨了二十个钟头，方才到得家里，糕也吃完了，这一回幸亏叶榭软糕，维持我的肚皮，不然是真要饿得臭死咧。

一双眼睛，最是势利，瞧见了珍贵些的食品，就灼灼地注视着，巴不得拿来一口吞下肚去，舌头呢，却最公道，不论东西的贵贱，只讲味道的好歹，列位辨味家，何不趁这吃糕令节，尝尝叶榭软糕，你的尊舌，必定深表同情，十二分地欢迎咧。

原载《申报》1926 年 10 月 15 日第 13 版

殊味的月饼

张菊屏

月饼在我国，可算得流行最普遍、消费最紧伙的一件茶食了。可是各地的名称，虽然都叫它月饼，其实形式口味，各个不同。在上海最通行的，要数广帮、苏帮、宁帮三派，列位早已吃得腻烦了，如今只拣不甚风行的几种，记述出来，和列位辨味家讨论一下，也算换换口味吧。

潮汕虽然属于粤省，可是他所营的商业，往往自有一种特殊精神。和广州不同，他们所制的月饼，尤其是绝无同点。广帮月饼的外壳是蛋酥的，潮帮却是油酥的。广帮的形式厚而小，像一只鼓，潮帮的形式薄而大，像一面锣，那最大的，有七八寸直径，但是高度，还不到一寸哩。馅的花色，有冬瓜糕、冬瓜糖、枣泥、豆蓉等六七种，虽没有广帮那么多，可是做得极其细致。那冬瓜一味，尤其是他们的拿手好戏，委实有比众不同的优点，别帮做出的，怕终跟他不上吧。他们的店肆很小，大约一开间店面的多，门口摆着一架夜不收（即糖食摊），两旁橱格的上层，却陈列些泥塑戏出，当作装饰品，是不肯出卖的，想也是潮汕的风气这样罢。还有福建的厦门帮，装潢出品，都和他大同小异，这是境地接近的缘故。宝善街上，有爿叫做源利的，是这一帮的老前辈，在前清时候，盖上海只有他一家，现在却到处都有了。源利到了七八月间，专做月饼，其他茶点糖食，一概不卖，完全成了一爿月饼店，倒也很觉特别啊。

四马路望平街转角，有正书局旧址，从前开过一爿广东茶馆，叫做奇芳居，他们所做的月饼，不是广州派和潮汕派，却也有些两样，把在下历年所尝过的，比较起来，似乎要数着他们的最好了。这种月饼，大小厚薄都和苏派的差不多，而且也是油酥外壳，鲜明洁白，顶上带点嫩黄，形式很觉可爱，最奇的是毫不透油，放在纸匣里，经过几天，匣上不沾一些油渍，倘若一层层把它揭开，都是薄如蝉翼的片子，毫没粘合破碎的地方。人家的冬瓜馅，因为和了糖，便不能不带些黄色，只有他们的，却雪白透明，像玻璃一般光亮，真不懂他如何做法的，那滋味的甘芳爽口，直到现在，回想起来，还觉得津津有味哩。他们的月饼，只有一类，并不分大小，也没有贵贱，价值每个只钱三十余文（约合洋三分左右），可算得价廉物美了。那时在下常常购食，好在味不很甘，更觉百食不厌，后来奇芳闭歇，像这样的月饼，直到现在，还没人仿制，真是可惜啊。

前年有位徽帮朋友，送我十来个徽州月饼，不知他哪里去买来的，想必也不离上海吧。这月饼把白色芝麻层和上糖面，当作外壳，黑色芝麻屑和了糖面做馅，内外的颜色，虽然两样，其实一般口味，并没有壳和馅的分别，用油极重，装在匣内，把个匣子全沾了油污，像浸在油缸里的一般，看来是一些不和水分的。而日用的是菜油，吃的时候，倒还不觉什么，只觉得一味甜极罢了，不过吃过之后，鼻管里常留着一股菜油气，很是讨厌，这是吾们不惯吃菜油的缘故，不该便算月饼的坏处。但是他们的做法，似乎太笨了，因为用油太重，触手就碎，拿在手里，便染了手的油，委实没有技术价值哩。

原载《申报》1928 年 9 月 29 日第 17 版

上海的馒头和山芋

红鹅

馒头

上海点心中，有馒头一种，名目花色，甚繁且多。茶楼中所卖的馒头，名为生煎馒头，此为极普通的馒头。有一种曰山东馒头，实心无论，食此者北人为多，上海本地人，则不甚对胃口，又称山东大包子。广东点心店中所卖馒头，如叉烧包子、腊肠包子、水晶包子，其味较上海本地生煎馒头为佳。

小笼馒头价昂而味美，种式亦多，一种为镇江式点心店所卖，亦称镇江馒头，每笼置馒头十只，即以笼奉客。秋时蟹肥，馅中杂以蟹肉，故又称蟹粉馒头，可可居、新□[1]居，皆以此种馒头著。又一种称金刚馒头，亦称南翔小馒头，馒头较小笼馒头之馒头为小，而价亦较昂，其佳处则为皮薄馅细且含汁露，城内邑庙中，如老福兴、如春、近水台、四时春、冯大房，亦有出卖，但终不及邑庙中所卖者佳。面店中，有以小馒头入油氽之，名曰油氽馒头，一名油里氽，唯味殊逊。

市上有小贩呼卖油包，此为宁波式馒头，以猪油与糖，复杂枣泥、瓜子仁者，曰水晶油包，其味亦不恶。广东馒头，

---

1. 编者注：原文此处缺失。

除叉烧包子、水晶包子外，有鸭肉或鸡肉大包，此种包子有二种，一种则鸭与鸡皆不去骨，以示其为鸡鸭肉制馅，一种则去骨，以示考究耳。北方点心店中，有天津馒头，亦为馒头之一种，价殊廉，尚可一嚼者。菜馆中多有卖生煎馒头者，糕团店中偶亦有笼蒸小馒头出卖，昔时甚多，今则不多见。

西人所食之面包，沪人俗称为外国馒头。制面包最佳，首推福利面包房所制之面包，沙利文、康生，亦以善制面包著名。别有一种奶油面包，较平常面包价昂，而味则大佳。江北人所食之馒头，有以粟米制成，北方称棒子馒头，粗粝不堪下咽。野鸡馒头即野鸡团子之变相，粥店中多有出卖。六月一月中，上海点心店中或有停止卖荤馒头者，茶馆则改卖素馒头，上海馒头大概，可尽如上了。

山芋

上海的山芋，在春秋冬三季中，方才上市，也算一种点心中食品。山芋的烹法，有烘山芋，有糖煨山芋。烘山芋是把山芋在煤火上烘熟，在热的时候吃，确是芋香扑鼻。糖煨山芋是点心店中的一种点心。上海卖糖煨山芋最佳的，推南京路浙江路口的沈大成、南京路山西路东的五芳斋和北万馨，那三家的糖山芋，确是别有风味。烹的时候，加入桂花，热热腾腾地盛了出来，端的桂花香扑鼻。但是售价很贵，一小碗的糖煨山芋，约莫还值一角小洋多些。然而欢喜他们糖煨山芋的，倒不嫌价贵。糖煨山芋在上海出名，恐怕是他们三家卖出来的呢。山芋有白色和红色二种，产在沙地中的山芋，其味格外的甜。白色的山芋，有一种是宁波山芋，比上海土产的山芋，好得许多。红色的山芋，俗呼叫做红心山芋，割去皮之后，肉色淡红，水果小贩往往把生山芋割去了皮，切成片。买来吃的人很多。上海人吃生山芋片，几乎和北方人吃青萝卜片一样，成了嗜好。

卖烘山芋的人，大都为江北人，弄得十分龌龊，所以有许多人，因为外表面上太龌龊了，反而不敢吃烘山芋。再加烘山芋是在煤火中烘熟的，也不宜多吃。江北人也有卖糖煨山芋的，这种糖山芋，也像烘山芋一般的龌龊，所以买来吃的人，都是下流社会的人居多，价钱也十分便宜。其实山芋也是贫穷人们的一种粮食，不过上海人只当它是果品或点心而已。山芋易饱而易饿，又极容易滑肠，体质弱孱的人，更是不宜多吃的。从前山芋的价格，原本很便宜，现在因生活程度高涨不已，山芋也涨价了。然而在烘山芋上市后，一般贫穷的人，仍有把烘山芋代饭呢。

原载《上海常识》1928年第44期

松江年糕

黄影呆

　　到了废历的年底，上海的都市之中，年糕又上市了，我们所可看到的，有宁波年糕、苏州年糕、上海年糕等等，但在松江，年糕并不是由糕店出售的，而由人家自己做的。所谓松江年糕，和上海都市中所出售的年糕，完全是不同的，因此松江年糕的如何制法，在这里也不无一述的价值呢。年糕是用粳米、糯米三七拼和，磨成了粉，用糖浆拌和了，放在蒸里，入锅烧熟。糖浆如果用白糖拌的，便是白糖糕；用红糖拌的，便是红糖糕。糕的里面，放各种馅子，像百果、豆沙、猪油等等，但也有不放馅子的，便是素糕。素糕的味道，当然没有荤糕的好。

　　在松江，大概中等以上的人家都要做年糕的。到了十二月二十三四，大家小户，便都忙着磨粉做糕了。做糕的蒸有方的、圆的两种，此外更有一种桶蒸。桶蒸，最是不好做了，弄得不好，就要脱底，粉漏到锅里去的。形如水桶，所以叫桶蒸。所谓松江年糕，上下三等，真是相差很远，最考究的便是粉里拌鸡蛋的鸡蛋糕，这种除富有的和特别考究的人家以外，都不做的。平常大概猪油夹沙、猪油百果的，已是很好。在乡下，农家做的年糕，大都没有馅子的，没有镇市上的好。

到了年头上，不拘乡村和市镇之中，乞丐成群结队地来求乞，那时他们钱是不要的，所要的便是年糕，因此，有的人家，便另外用籼米磨了粉做糕，糖也放得很少，预备给乞丐的。这种年糕，在松江，便是蹩脚的年糕了。

一般的人家，都以为大腊中做的年糕，寿命最长，不易裂缝，因此，做糕是十九在立春之前，像这一次废历十二月二十一日立春，那么在二十之前，人家都要做年糕了。年糕保存最久的，要到二月十二日，那天是百花生日。松江更有一种特殊的风俗，说是二月十一吃了撑腰糕，在一年之中，可免腰酸腿痛等病的，因此，每家都要留一些糕到二月十二日吃。

有丧服的人家，是不做年糕的，所以死了人便要二三年不做，须待服满之后，方能再做年糕。但死了人不做年糕的人家，所有的亲戚，都会把年糕送来，亲友多的人家，送来的糕，也许比自己做的多，正不必忧假有年糕吃呢。女儿出嫁以后，第一个年头，在年底里，娘家照例要送年糕到男家的，叫做撑门糕，寓有使夫家飞黄腾达、日见发展之意。而在乡村中，新夫妇到了新年，去娘家拜年，礼物之中，年糕也是一件少不了的礼物呢。这些，也许都是松江人所特有的风俗吧。

原载《时报》1934年2月9日号外

从屈原投江说到端阳粽子

嘴张

大公司的楼头厅扬着无数"端节货品大廉价二星期"的旗帜，于是马路上的行人，都感觉到端节的来临，是迫在目前了。端节当然要吃粽子的，那么随便来一点关于粽子的文字。

粽子的起源，相传在战国时候，有一个楚国的忠臣名叫屈原者，因为当时馋人高张，贤士无名，楚王不能了解他的赤怀忠毅，一口气冲偏了心，抱着一块石头，跳在汨罗江里寻了短见。这样一位大大的忠臣，结果只落得尸沉水底，魂游蛟窟无有下稍，自然引起了楚国国民无限的同情和怜悯，于是每逢五月五日他"死忌"的那一天，楚国人便裹了诸多"角黍"，投在汨罗江里给屈原的鬼魂享用。这"角黍"便是粽子的原名，从这"黍"字上推呢，吾们知道粽子在早先不是用"米"裹的，从这"角"字上推究，又可知道现在的三角粽，却是粽子中比较古老的一种型范。粽子虽说本是给屈原预备下的一种特殊羹饭，然在今日则已变成人们极普通的点心了。就吾们所常吃的粽子而言，可分之为甜咸两味，而甜味的粽子，又可分为夹馅和不夹馅两类。

不夹馅的甜粽子，有豆粽、枣粽，和白米粽之不同。豆粽是和了赤豆在糯米里裹成的；枣粽是和了红枣在糯米中裹成的；白米粽却纯粹用糯米裹成，中间更不夹杂一点旁的东西。白米粽固然洁白得似无瑕美玉，而豆粽红白相杂，色彩亦极鲜明美丽。凭了它们这一副"大英照会"便可使人食欲大增，再佐以新制的玫瑰酱，加上由粽箬上传下来的一阵清香，"色""香""味"三美皆具，而且无论自制或购买现成的，代价都十分公道。真是一种最佳妙的平民食品。

夹馅的甜粽子，大都是夹着猪油豆沙的馅，而夹馅的咸粽子，则中间大都夹着用酱油浸透的整块猪肉，这便是卖粽子的人号称为火腿粽子者了。夹沙粽子和火腿粽子里的糯米，被豆沙和酱油的颜色染得墨黑，纵然它们的风味是十分隽妙，而且又是比较高贵的食品，但剥开箬叶而露出它们这副"印度小白脸"的风姿来，终觉得有点面目可憎的。

另外还有一种灰汤粽，虽则也是味甜而无馅者，可是在它烧煮的时候，是搁上一点碱的，所以烧热熟了以后，变成黄里带红的古铜色，它唯一的佳处是糯米被煮得透烂，入口时颇为肥腴，可是吃的时候，佐以糖油，甜得未免过分。不幸而吃到烧煮得不合法的，带上一阵石灰气，尤能使你大打恶心。

上述甜咸一味的粽子，大概无馅者的形式都是三角粽，而夹馅者的形式则往往是枕头粽。三角粽实在有四个角，是一个立锥体；枕头粽也有四个角，和一个长枕头相仿佛。三角粽、枕头粽，二种普通形式之外，还有几种较特别的形式。

一种叫做秤锤粽，这是变化三角粽的立锥体而成功的一种圆锥体新形式，江南乡里人家千金小姐出阁后的第一个端节，女家向男家整担的送节礼，礼品里头的粽子往往便是采取这种形式裹的。一种叫做笔粽，这也是变化三角粽的形式而成功者，是一条极细瘦的三角锥，细瘦到同一支笔相仿佛，所以获得了这个名称。在以前科举时代，小孩子行上学送礼时候，应备的礼品，在和气汤以外，例有定胜糕、粽子各一盘，取其将来能够"高中"之意，这一盘粽子，有的用枣粽，取其能够"早中"，有的却用这种笔粽，因为不但笔和读书人是有连带关系的，而且"必中"也正是一句很吉利的话儿之故。

另外还有一种叫做袋粽，论其内容，也是白水粽的一种，但普通的粽子，外皮都用粽箬裹的，唯有这袋粽，却是将糯米装在只白布袋裹的，它的形状，很像一条棍子，吃的时候，打开布袋，用一根线将它切成薄片，盛在碟子里仿佛一盘圆圆的玉片，茶馆里小贩很多出售，是一种夏令的冷食。粽子因各地的煮法不同，风味也各有殊异。浙江的湖州、江苏的泗泾皆负盛名，而泗泾粽子的松糯适口，尤为独擅专场。他若广东粽子则花色繁多，有莲蓉、豆沙、咸肉、果蒸、碱水、火腿、蛋黄等种种名目，式样也比较繁复，有方形的，有在方形的中间凸起一角的。风味既是特殊，爱吃的人也很多，可是代价得要一二毛钱一只，我辈穷而好吃的人，为避免垂涎三尺计，自以不谈为上策。

要吃便宜粽子，当以白煮为上算，裹粽子用的粽箬，这几天正是有人满弄堂在喊卖，裹粽子用的麻皮，碗店里有的发售。若为经济起见，则稻柴心也勉强可以代用。裹粽子的米，要纯白糯米，淘清浸透，若然裹夹沙猪油粽子的话，应该将豆沙和猪油预先做成一个一个的小团子，裹在糯米中间，不要让米粒侵入这个小团子中间，米粒和豆沙混在一起，不容易烧熟，有使粽子夹生的危险。若然要裹肉粽子的话，应当精选鲜五花肉，切成小块，除在酱油内浸透以外，还要加一点点老酒，特别要注意的是不可太瘦了。太瘦则脂肪质完全被糯米吸收干净，吃的时候，会因过分的干枯而味同嚼蜡。粽子的不容易熟，所以烧煮的时候，应当用硬柴火，取其火力较旺，最少让锅子里的水沸腾三次，而且尤要多闷几小时，不能烧好了便去揭锅盖，这是性急不得的。至于锅子里的水则应当宽大，应当让水始终能够完全淹没任何一只粽子，只要有一只角露出水面，停会那只粽子角上的糯米便一定是生的，所以这水量尤须留神。

　　明天便是废历的端节了，读者诸君要不要如法炮制一下，烧好以后，论功行赏，理应分一只来尝尝，我的嘴早已张开了啦。

原载《时报》1934 年 6 月 15 日号外第 1 版

夜食杂谭

云裳

鲜藕粥

宵夜点心，尽多终年常有者，而在这二三个月里，最时髦的要算藕粥了。在上海四马路的几条弄堂里，往往有藕粥摊设着。价钱十分便宜，不到十个铜子，就可给你吃一饱了，况且吃的时候，同时你还可以随意加糖，考究一些的摊上，在盛给你的时候，他们还得放上些金黄色的糖桂花，放在上面。记得三四年前，四马路满庭坊有一个藕粥摊，主其事者，为一半老徐娘，她的藕粥摊，较任何人收拾得干净，而在每碗藕粥里，更放上几条美艳的红绿果，并加上几颗酥烂的莲心，而且招待周到，口齿伶俐，以致吃客常满，把该处一带的藕粥摊，生意抢得冷冷清清，后来她于是年秋不知为了什么缘故把该摊收歇了去。已古诗人徐志摩，数年前亦为该摊每天老主顾之一，曾有"冰丝香还冷，琼液味正甘"之诗句以誉之。且藕粥于充饥之外，更别具通气的功效呢。此外，吾再来说说应时的糖芋艿罢。

糖芋艿

提起了芋艿，就使我想起了生芋艿的白嫩滑腻，从前某女校女生某，生得皮肤洁白，手段敏活，当就替她提了个芋芳小姐之雅号，追逐之者，天然不少，后来和一唐姓男生恋爱起来，有情人终成眷属。可是许多追求未得的男生，未免一个个由妒生恨起来，到了他俩结婚的一天，可巧是也在七八月里，他们竟联合的送了一钵糖芋艿，上面用红纸糊好，写着十八个字，是"看这里边什么东西，今夜要变成了什么样儿"，一时阖宅宾朋，一个个都弄得莫名其妙，账房先生也充满着奇异，接了过来，把那红纸轻轻揭起，见是一钵头糖芋艿，不由得惊骇得直叫起来。后来新郎也走了过来，看见了这份怪礼及上面题字，肚腹里明明白白，知道是同学的恶作剧，然而也只得受下来。不知道这一对夫妇，是不是也吃一吃这应时宵夜点心，那愚兄弟不得而知了。芋艿功能祛湿利尿，夏秋之交食之最为有益。

莲心粥

白糖莲心粥，怎么会也是应时的宵夜点心呢？其实这几天吃白糖莲心粥，真是再应时也没有了，为了什么缘故呢？原来我所谓的莲心，不是南货店家的湘莲或白莲，是新鲜莲蓬里的莲子，因为这两天的鲜莲子，似乎比不上半月的甜嫩了，所以我们不妨把莲子从莲蓬里挖出来，去衣去芯，再买些新登场的新香粳米，和水入罐共炖，晚上食时，再可略加白糖，食时莲香米香，苟其有家眷在上海的话，可以与夫人在就寝之前并肩共食，那么莲子香、新米香和脂粉香，三者打成一片，谈谈说说，妙趣环生。因莲子粥之易于消化，故既不至积食，更能增添爱情，唯鲜莲子与新香粳米，则非在此时莫办，故最应时不过了。

原载《时报》1934 年 8 月 17 日号外第 1 版

高桥的松饼

虎痴

提起"高桥松饼"四个字，在浦东一带是最有名的，即是在上海，也已播满了它的名声。所以凡属到高桥来参观的人们，没有一个不是稀罕地要买几盒回去送给朋友亲戚，算是一件贵重的礼品。

上海浦东高桥海浴场饭店门口场景，刊载于《商报画刊》1933年

它的营业范围很辽阔：除了最大的好场合——上海以外，整个的浦东都有它极大的势力。自从前年高桥开辟了"海滨浴场"以后，销路愈加畅旺，整整一个夏天，几家食品商店差不多常像山阴道上一样。于是"高桥松饼"四个字，给予人们的印象，也愈加深刻了。

据说它的成本轻微，利息优厚，所以近年来"食品公司""土产商店"之类竟如雨后春笋，而松饼的花色，也添出了不少种类："洗沙""枣仁""鲜肉""百果""菜甘""枣泥""净素"以及"松仁洗沙""猪油洗沙""瓜仁洗沙""桃肉洗沙""椒盐洗沙"等等。制法和普通的制饼差不多，只是用馅比较考究，发酵比较精明，炉火比较细到。这几项是其长处。譬如每烘一炉饼，它至少要费半小时以上，非但烤得很干脆，就是饼面也极嫩黄，不使它生出半点焦枯的痕迹，吃到嘴里便觉异样的松香有味，与众不同了。它的价格，"洗沙"之类，一块钱可买四十五只左右，百果之类便只有三十多只。

考究松饼的历史，本是当初高桥人家遇有宾客时做来待客的，以其质松味香，便叫它是"松饼"。后由周伯千创设"周正记家庭制饼社"后，才开始在市上了。不过生意虽好，范围却并不大。后有张锦章组织了一个"高桥食品公司"，大规模地把松饼制造起来，一方面对于原料、装潢、制造等等力求改善，一方面却用广告的力量，把"高桥松饼"一个生疏的名字，散播到十里洋场和邻县各地。两年之间，居然成为了一件名产，获得食品界一角地位了。目下土产商店，高桥何止八九家，每年营业总额，竟达万元左右，真是浦东食品界一件惊人的贸易。

最近，他们除了松饼以外，又新出了"松糕"和"薄脆"二种。松糕是用糯米、桂花、枣仁、肉桂等做原料，实际和市场上的"定胜"差不多，只是形式比较不同，装潢比较富丽而已。薄脆是用蜂蜜、椒盐、蛋白、麦粉等等做原料，所以上嘴是很适口的。目下这两种销路，无论门售或是批发，生意也都很好，经过若干时期以后，一定又会挤入"名产"之林了。

原载《机联会刊》1936 年第 146 期

烘山芋与早点心

亦庵

从前有一个时期，我是实行废止朝食的，倒并不因为看了蒋竹庄先生的废止朝食论而废止朝食，实在是当时觉得朝食的不需要，早上起来肚子既然不感觉饥饿，何必定要循例吃点东西？有些人名为废止朝食，而每天早上却要喝一杯牛奶和两枚鸡蛋，而我在当时连一杯白开水也不喝，因为早起的以后两三小时内，实在没有胃口，与其没有胃口而勉强吃点东西，不如干净的不吃。

自从这几年以来，脏腑也随着时局的变动而有点变动了，也许因为日常所吃的太薄啬了，肚子里油水太少的缘故，很容易觉得饥饿，从前早上提不起来的胃口，现在也大开而特开了。一早起来，便想吃点什么东西，尤其在冷天，早起不吃点东西，觉得特别怕冷。

在从前，天天送来一瓶 A 字号的鲜牛奶，每月所花不过三四块钱，鸡蛋不过六个铜板一只，面包每只卖十来个铜板，就是最高贵的白塔油也不过一块多钱一磅。现在呢，这些东西非大富的人家不能吃，像我们以摇笔杆为生的，只可形诸梦寐。不得已而求次，则炊饭油条亦已渐渐消减，大饼油条也像气球一样，越升越高，越高越小。隆冬的早市，比较易求而尚为我辈能力可及者，其唯烘山芋乎？

还在十年之前，曾写过一篇《烘山芋礼赞》，其中有几句话是：

> 若以烘山芋来跟糖炒栗子比较，则其情形就有如乡下姑娘比一位交际花。……当它从那简朴的煤烘炉里拿出来时，便从它自己本身蒸发出一种朴素而不妖冶的香气。……当那奔驰得累极了，身体冷得发抖了的黄包车夫，掏出七个铜子，买它这么两三团捧在手里时，未入饥肠，已够温暖了……烘山芋的成本没有什么，除了本身的代价就是一点，回烟煤屑以及人工报酬而已……当它的价钱卖得低时，"缙绅大夫难言之"，倘若烘山芋卖到三块钱一磅时，我想西餐席上，白瓷盆中，将与银质刀叉周旋起来了。

对于烘山芋，我虽早已加以赏识赞叹，然而实际上买来吃，在当时还是很偶然，因为比烘山芋高贵而可口的东西还多着，而都是我当时能力所能买得起的。常买烘山芋者，只是黄包车夫之流而已，时到如今，烘山芋的身价也随着一切物价飞黄腾达起来，本来可以吃得较高贵东西的我们，比较起黄包车夫来，未免有望尘莫及之叹。他们摸三两块钱出来买烘山芋满不在乎，而我们不能不先下一番考虑。然而在一切早点心中，烘山芋还是比较平民化而可以吃得起的。

原文所刊插图，作者亦庵所绘

　　从去年的冬天起，我在辣斐德路[1]金神父路[2]附近发现了一个卖烘山芋的摊子，从此以后，几乎每天早上总要做成他三四元的生意，以供我一家数口的早点之需。这个数量，说来惭愧，然而力之所及，止于如此。有时烘山芋尚未烘热，要伫立在炉旁等候，就趁这当儿跟他闲扯起来。

　　他卖的烘山芋是用秤称的，我问他卖多少钱一斤，他说每斤一元六角，每两一角（烘山芋而用秤称也是亘古未有的新闻，大时代的新作风也）。同他闲谈之下，知道生山芋的来价是每担八十元，即每斤八角。每天可以卖两担。我对他说："每天一百六十块的本钱，可以卖三百二十块，这利息也很可观了。"

　　他叹了一口气道："你老板（惭愧，我并没有老板的资格）别以为这生意好做，其实也没有多少好处，一百六十块的买价外加百分之四的捐钱、车钱、买煤的铜钱，虽是回炉的煤屑，

---

1. 编者注：辣斐德路即今复兴中路。
2. 编者注：金神父路即今瑞金二路。

价钱可不小，另外又在捐照会等等，山芋烘过，水分干了，还要轻了多少，卖一块六角一斤，实在没有多大的好处呀。"

他虽这么说，但是我总相信他有相当的好处。直至最近去买，忽然不见了他的山芋炉了，而由另一个人在那里摆设另一种买卖的摊子了。我问他卖烘山芋的哪里去了。他说烘山芋此地不卖了，卖山芋的人到乡下去了。于是我惘然去买另外一种东西来充早点。

前天，家里的一只锅子破了，叫来一个路过补锅而兼补碗的人在后门外补锅子。恰巧我打后门出去，看那人非常面善，禁不住问起他："你不就是卖烘山芋的吗？"

他对我似曾相识地答道："是的，老板。"

"你怎么不卖烘山芋了？"

"烘山芋卖不下去了。这两天山芋卖到一百二十块一担，烘好卖出非两块多钱一斤不可。两块多钱一斤的烘山芋，这有多少人来光顾？因此就不得不改行了。"

"你倒本领大，能烘山芋，能补锅补碗，什么都会。"

我口里在夸赞他，我心中却为他的烘炉悲悼。我在十年前说的"倘若烘山芋卖到三块钱一磅时……"的话，不幸而相差不远矣，大概西餐席上的白瓷盘子和银质刀叉已经在等待着了吧。烘山芋呀烘山芋，你的身价日高，我们同你的关系也就日远了。

原载《新都周刊》1943 年第 1 期

豉

张亦庵

"豉"这一个字，在所谓读书识字的人眼里不会觉得有什么特殊，不过在比较不读书识字的人看起来，有点像"鼓"，又有点像"敲"，不免陌生。这个字在上海的通俗文字中很少见，而在敝处广东，几乎是妇孺皆晓的一个字，因为它通俗，用得多，人人习见。

上海人叫做酱油的那样东西，在广州并不叫做酱油，而叫做"豉油"或"白油"。所以叫做白油者，因为其色黑，本应叫做黑油，但广东人用字多忌讳，凡近乎不吉利的字眼都避而不用，而另用一个代替的字，白油就是用相反字的一个例，至于豉油则是名正言顺的称号，因为它是从豆豉里制出来的卤水。

什么叫"豆豉"？《说文》："豉，配盐幽未也。"徐曰："未，豆也，幽谓造之幽暗也。"《释名》："豉，嗜也。五味调和，须之而成，乃可甘嗜也。"

照这样看来，就是把配了盐的豆放在幽暗之处制成的咸而干的豆，就叫做豉，由豉里制出来的卤水称为豉油，岂不名正言顺吗？

上海人称作豆瓣酱的，广东称作"面豉"。原来制造酱油的时候是要放面粉在里头的，其卤水称为豉油，其滓渣称为面豉，一点也不错。面豉酱里糊塌塌的那些东西就是面粉。

至于豆豉，则是纯粹盐豆幽干的东西，不是制酱取卤的。烹煮三黎鱼（即鲥鱼）或排骨，用蒜头豆豉调味，至少可以使你饭量增加一碗。

依豆豉而类推，有若干咸制而干的食品都称之曰豉。有一种干制的净瘦肉片叫作"肉豉"，干制的牡蛎叫"蚝豉"。

还有一种东西叫"榄豉"，这是制自两粤的特有的一种橄榄，这橄榄种形特大，皮色不青绿而发黑，名为"乌榄"，生不可食，其味涩不能入口。煮熟了，虽不涩，而味淡，须蘸糖或盐，也没有什么味儿。将它煮熟后，横截为二，去核，调以酱油而干之，便成为极鲜香可口，称为"榄豉"。或者用盐制的，味不如酱油，是以用酱油制者往往声明其为"白油榄豉"。乌榄的核特别大，质坚实细致，切磨平正之后，可作刻印章之用。

广东又有一种酒名为"双蒸"，其佳者称为"豉味双蒸"，是米酿的酒而经过两度甑蒸的。（有经过三度者叫"三蒸"，更为浓烈。）所谓豉味，初不由于真有豆豉，乃是用煮熟之肥肉投入酒坛中浸渍着，香味如豆豉云。

原载《新都周刊》1943 年第 23 期

苏广月饼

张亦庵

　　过节过年，是人们对于时间的或喜或忧的感觉表示，当然是一件大事。我国既是"以食为天"的国家，逢到像这样重要的时令，岂可以无吃？端午的粽子，中秋的月饼，在国人的季节饮食里是占有同样重要性。

　　在秋言秋，让咱们来谈月饼吧。日前在南京路某食品店前走过，看见店面上高揭着"苏广月饼"的广告，大可与苏广成衣并传。月饼之在苏与在广，不论形式品味，都有显然不同之处而各有千秋。

　　苏式月饼，都是小巧玲珑，大小不过如茶杯口。广式月饼，大都有二寸左右的直径，一寸左右的厚薄。以饼的表层而论，苏式的全是酥皮，层层松起，比之高桥松饼油水多一点；广式月饼则从来没有用酥的，如有酥者，即不名为月饼，亦并非适应中秋之用。

　　苏式月饼在表层上印红字，广式月饼则除了红字之外，更用硬印印成浮影花纹。这都是说明该月饼的名称和出品的店号的。

　　广式月饼，馅的部分所占甚多，皮的部分所占甚少，大约是四与一之比。苏式月饼则馅占约五分之二，而皮占五分之三。所以吃广式月饼，几乎等于完全吃饼内之馅，其表皮，不过是绝不重要的一层包护其内层的东西。苏式月饼吃起来表里并重，殊无轩轾。然而广式月饼之中又有一种称作"冰皮"者，饼皮不作焦之色，而洁白如冰雪，品质特别柔软，然仅限于某几种馅之月饼始有之，非一切月饼均可得而冰皮也。

月饼的名称，视其馅为别。苏式月饼有南腿、葱油、百果、细沙、玫瑰、枣泥等；广式月饼则有莲蓉、椰蓉、豆蓉、豆沙、枣泥、五仁甜肉、五仁咸肉等。我对于五仁月饼，不问其为咸肉或甜肉，平生最怕吃，然自入饥不择食的时代以来，即使是从前最憎最怕的东西都变成美味了。

除了上述之外，广式月饼又有一种倾重装饰风味而专供摆设送礼之用的，饼的大小不一，而大小与厚薄的比例又与普通的月饼不同，饼面不用硬印浮雕而用手工描绘，或者用糖花纸之类堆砌。每一个饼，各占一个圆形的盒子。起码的盒面蒙以极稀薄的纱布，可以望见盒内的饼；考究的用玻璃盒面。还有一种做成像小猪形状，大不盈握的，外面罩以一个竹编成而涂染彩色的小猪笼，这是哄孩子之用的。以上两种都可目而不可口的。

广式月饼的价钱比什么饼都贵，贵得真有点不近情理。这是一向如此的。从前有好几家饼店，他们营业上的利润，就靠每年一度的中秋月饼。这两年买高价月饼的人虽然不少，但是一般买客却没有以前那样普通了。

日前看见广式月饼的标价每只自二十八元至六十二元不等。在战前,某大公司的饼点部已有百元一只的月饼,不过那是硕大无朋,一个人轻易拿它不动的。那种月饼,只合作为广告之用,动人耳目而已,如果真有谁把它买回家去,就未免有点冤大头气。那时候的那种大月饼,放在目前,每只就非万元以上不可。

原载《新都周刊》1943年第28期

梁湖年糕宁波粿

"年年高，节节高，一年四季赚元宝。"农历年终岁首，家家户户，总得备些年糕，煎也好，炒也好，来一碗汤糕更好。在上海，有应时而开的年糕店，可是只可现买现吃，不能久藏。在敝邑宁波乡间，年糕成为整年食品，务农人家做点心吃，农忙时是唯一的充饥物，因此必须久藏不变，梁湖年糕具有上述条件，因此很出名。

梁湖是旧绍兴属上虞县的一镇，该地产有一种梁湖米，性比晚米还软，比糯米硬些。先把那米浸上二十天，然后沥干，或干磨，或水磨，务求细腻。用柴火烧蒸，求其熟透。放在石臼中，用人工舂过，取出，用双手尽力抟捏，直至使有黏性。此种年糕，美味可口，久藏不坏。上海年糕，普通用的杜米，工料口感不足，若浸入水中三五天便要腐烂，不能与梁湖年糕比。绍兴宁波，也用梁湖米种，所以做的年糕，也叫梁湖年糕。

还有一种米粿，只有宁波有。先用纯粹糯米（内不搀粳粒）擦白（糙米一斗要打八折）浸入水中半天，取出沥干，由蒸笼蒸熟，成了糯米饭。放在石臼中，由年青壮丁，用力去舂。一人提石捣子舂，一人翻臼内熟米饭，一起一落，舂至筋疲力竭，调班再舂。这样要舂上数十分钟，变成糯米团，由臼中取出，摘成粿团，由男女同工，放在手心，拍成饼形。若防黏性，可在手心放些面粉，拍得大小均匀，光滑，一个个安置板上，等待凉透，浸入水中，要吃取出。甜食和细沙白糖清炖，咸食和年糕烧汤，滋味美妙。在上海也有宁波粿出售，可是糯米不纯，舂工不到工夫，不及宁波当地的来得好吃。

原载《申报》1946 年 2 月 2 日第 4 版

馄饨与云吞

亦 庵

广东式的云吞，像它的字形一样，是比较最特殊的一种，也是我所最喜欢的一种，值得较详细地说一说。

在广东，是难得听见有人把云吞或什么面之类看作饭的代替品的，所以云吞的作用，并不是充饥的，完全是点心性质的东西，可是在广东，云吞和面又不能被称作点心，因为点心的称呼，只限于茶楼里用碟子装着一件一件的热气腾腾的叉烧包烧卖之类。云吞和面，被称作"面食"，其实作用则与点心完全相同。因为不是用来充饥，所以在量不求其多，而在质则务求其精。广东云吞之所以独胜者，原因即在乎此。

一般售云吞的，大都标有"鲜虾云吞"，这倒也名副其实，每一只云吞的馅子里头，必有鲜虾仁一枚，不会多，也不会少，这是在包裹时支配进去的，馅皮、汤，是一碗云吞的重要因素，任何一样有了缺憾就不能符合标准。

馅以肉为主。一只猪身上的肉，各部分有各部分的性质，作云吞馅的就得选取适宜的部分，而且精肥分量的配合又要很适当，宜精多肥少。斩烂之时，亦要特殊手法，否则吃起来牵连不分，或者碎烂过甚，又或者有刀砧气味。馅肉调味时不可少的是芝麻油，并且要拌以生鸡蛋，包裹时再用去壳大鲜虾配搭。

云吞的皮不取其薄，而有相当厚。所有云吞的皮都是自己打的，面店里卖的就不合用。讲究的在打云吞皮时用鸡蛋混合，有用斩烂鱼肉混合的叫做鱼皮云吞，这是上海不常见得到的。亦有用黄栀浸水混入面粉中，使人看上去有像蛋黄颜色的，其实这种云吞皮并未拌入鸡蛋。打皮时主要的是加入适量的碱水，如此可使煮熟后不相黏附，入口爽净。

至于汤水，看似无关宏旨，其实一碗云吞味道之是否适口，一半就是这碗汤。汤有清的荤的，或用鸡汤，或用骨头汤，各人有各人的秘法，唯有这一点，最不肯轻易传授。近日有了各种调味品，更给予他们不少帮助，不过成分之轻重多少，则极须经验酌量。

从前香港九龙城外有一个云吞摊子，名噪全港。香港与九龙，本来有一水之隔，于是港中的巨绅富贾们，往往因为想起了这个摊子的云吞，便不辞远道，乘市轮渡渡海，再雇汽车驶达九龙城，吃一两碗云吞，满意而归。详其所花于舟车之费，高出所吃云吞的价钱好几倍。而这班香港的阔佬阔少都认为值得。你想这摊子的云吞是具有怎样的魅力！

云吞又有一个术语的名称，叫做"扁食"。大约是"片食"之讹，不知是否。云吞与面条并放一碗中的，叫做云吞面，术语则常称作"芙蓉"，不知何所取义。有人以为《长恨歌》中有"芙蓉如面柳如眉"之句，"面""麵"同音，"如"

字与"加"字形相近似，故"芙蓉"者，"加麵"之歇后语。此说不知近乎牵强附会否。

"云吞"，这是广东人的写法，而念起来的声音却与别处人念"馄饨"的声音一样。广东人念"云"字，与别人念"馄"字或"文"字相近，"云吞"二字，无义可解。别处人听见这两个字而未知指何物时，或许会以为是吞云吐雾的一回事呢！

实在呢，"馄饨"二字，属正书，然而除了专指那种特殊食品之外别无所用，专为了馄饨的而去认识馄饨两字，在学习上说起来似乎不甚经济。倘若另有易识易认，而又普遍见用于其他地方的同音字，则借用一下，也是经济而通俗的办法。广东人之写作"云吞"而不写作"馄饨"者，或许就是这样的理由。其实，这两个不同写法的名词，在广东人嘴里念起来，声音是完全相同的，而实质上也是同一样的东西。

说是同一样的东西罢，好像是，又好像不是。因为广东人的"云吞"与别处的"馄饨"，大体形状虽相同，而内容及实质却有很大的差别，味道也不相类似。

说到"云吞"的主要成分，也无非是面粉打成的皮片儿包着斩烂了的肉馅子，与别处的初无二致。不过你得知道，我们中国人几乎全是食品的天才，倘若不是长于烹制，便是善于辨味的。同样的猪肉和面粉，到了中国人的手里便会变化出无穷的花样，而且有不同的味道，不似欧西人把一只鸡弄来弄去也弄不出多少花头。

即以面条和猪肉两种配合而论，在上海，我们所能吃到的便有大肉面、小肉面、排骨面、炸酱面、炒肉面、肉丝汤面、肉丝炒面等，而每种的味道均的确有其不同的自我性格。若说面片皮包肉的食品，与馄饨同类的，则有水饺、汤面饺、烧麦、锅贴、春卷、小笼馒头等，而其主要质料则不出那两样东西。欧西人用肉制的饼饵，浅陋如我，竟说不上有几种，就是问旅居国外的侨胞，他们也举不出多少。你不能不承认我国人对于食品制作的天才吗？

在上海，馄饨之最普遍而平民化的，要算那敲竹梆子卖的那种。他们挑着（不知用"挑"字适宜还是用"掮"字适宜）一副似担子而非担子，似架子而非架子，似一艘小船却又点像个小台阁的竹制的东西，锅炉柴爿，碗勺作料，收钱账柜，一应包括着，他们所卖的是市上最廉价的馄饨，光顾的也是最平民的顾客。这种馄饨，皮薄而宽阔，所裹的肉馅很小，小得几乎辨不出是否有馅，只是你吃起来时知道尚非单纯的馄饨皮子而已。其特点是在汤水中往往有一些榨菜屑，而缀上些虾子。他们多在夜静更深时才上市。因为一向有许多上海人过的是夜生活，到了相当时候，需要点心充饥的。

南京路上几家糕团店里的馄饨便气派不同了。馄饨的皮子也是薄薄的，不过馅子就比挑担的那种要大上好几倍，而且分出普通（单纯猪肉的）、鸡肉、虾仁、蟹粉等数类，汤水也讲究，澄清而有浓厚的鲜味。

至于北方的馄饨，也是皮多馅少的，不过皮片儿是厚厚的，其作用似乎在乎充饥，而不在乎当作点心用。亦有单纯用馄饨皮而不包裹什么馅子，却在汤水里加上作料浇头的，那就叫着片儿汤，而不是馄饨了。

　　　　　　　　　　原载《民国日报》1946 年 2 月 9 日